Marlès (de)

—

Merveilles
et Phénomènes
de la Nature

—

5ᵉ éd

(1880)

MERVEILLES & PHÉNOMÈNES

DE LA NATURE.

—————

1re SÉRIE IN-12.

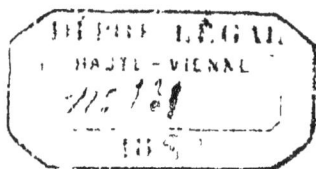

MERVEILLES

ET

PHÉNOMÈNES

DE LA NATURE

PAR DE MARLÈS.

CINQUIÈME ÉDITION.

LIMOGES

EUGÈNE ARDANT ET Cⁱᵉ, ÉDITEURS.

MERVEILLES

DE LA NATURE.

———◦⊰⊱◦———

Cercles lumineux concentrique, ou Auréoles naturelles.

« Au point du jour, dit D. Jean Ulloa, me trouvant
dans les stériles bruyères de Pambamarca, toute la
montagne était enveloppée d'épais nuages. Le brouillard se dissipa au lever du soleil, laissant après lui
des vapeurs légères que l'œil pouvait à peine distinguer. Du côté opposé au point par lequel le soleil se
montra sur la montagne, et à la distance d'environ
soixante ou soixante-six mètres de la place où nous
étions, l'image de chacun de nous se voyait réprésentée
sur les vapeurs comme dans un miroir, et chaque
image était couronnée de trois arcs-en-ciel auxquels
la tête servait de centre commun. Ces cercles offraient
toutes les couleurs de l'iris, mais ils étaient si près
l'un de l'autre, que la couleur la plus haute du premier touchait la première couleur du second, et la
dernière de celui-ci la première du troisième. Par-
dessus tous les cercles, mais à quelque distance, on
en voyait un autre; ce dernier était blanc.

» Tous ces arcs étaient perpendiculaires à l'horizon.
Si l'un de nous changeait de place, ses auréoles le

suivaient en gardant toujours entre elles le même ordre. Ce qu'il y avait de plus étonnant, c'est que nous
étions sept ou huit ensemble, que chacun voyait son
image avec ses ornements, qu'aucun ne voyait l'i-
mage des autres. »

Ce phénomène ressemble beaucoup à celui qui cons-
titue le spectre de Brocken. Au reste, ce n'est pas
seulement en Amérique qu'il s'opère; on l'a vu aussi
en Europe. Voici ce que rapporte un observateur anglais, M. Hagasth, comme fait personnel.

« Tandis que je montais sur le mont Rhealt, qui
sépare la vallée de Clwyd du comté de Denbigh, j'ob-
servai un curieux phénomène. Je vis devant moi,
sur la route, un nuage blanc et brillant qui semblait
reposer sur la terre, ce qui excita mon attention. Le
soleil était près de se coucher, mais il avait encore
un éclat extraordinaire. Je dois ajouter que mon image
était entourée, à quelque distance, et la partie supérieure seulement, d'un cercle de plusieurs couleurs
dont le centre semblait se placer à mon œil et la circonférence s'étendre d'une épaule à l'autre. Le cercle aurait été entier si l'ombre de mon corps ne l'eût
intercepté. Les couleurs en étaient très vives et se
présentaient dans le même ordre qui leur est assigné
dans l'arc-en-ciel. A mesure que j'avançais, le cercle
se rapprochait ou se retirait, suivant que les inégalités
du chemin raccourcissaient ou allongeaient mon ombre. Comme le nuage était tantôt plus bas, tantôt plus
haut que moi ou sur le même niveau, mon ombre et
son auréole prenaient souvent des formes singulières.
Comme pour ajouter à la beauté du spectacle, il y
avait de chaque côté et assez loin deux arcs d'un
blanc brillant; l'un et l'autre avaient la largeur de
l'arc-en-ciel ordinaire. »

Les Volcans de Lipari.

On donne le nom de Lipari à un groupe de petites îles volcaniques au bord de la Sicile, et dépendantes de cette dernière.

Lipari, la plus considérable, est remarquable par sa montagne des Etuves, *monte della Streffe*. Cette montagne est percée de cinq grandes excavations en forme de grottes. Deux ont été abandonnées parce que la chaleur y est trop forte, et qu'on risque d'y être suffoqué. La roche elle-même y est échauffée à un tel point qu'on ne peut la toucher sans se brûler ; Spallanzani a vu jaillir, d'une de ces grottes ou étuves, un filet de fumée qui répandait une très forte odeur de soufre.

Le volcan de Lipari est éteint depuis longtemps : M. Dolomieu pense que sa dernière éruption est du vi° siècle de l'ère chrétienne, et que ses feux ont cessé depuis que l'île voisine de Volcano a vu les siens se rallumer. Au surplus, les insulaires de Lipari prétendent que toute leur île est violemment agitée quand Volcano ne donne ni feu ni fumée, et ils craignent, non sans raison, que leur ancien volcan ne recommence ses ravages. Ce qui est certain, c'est que les secousses de tremblement de terre, très communes à Lipari, cessent aussitôt que Volcano brûle.

Cette dernière île n'est pour ainsi dire qu'un vaste foyer d'embrasement. C'était là aussi que, suivant les anciens habitants de cette île et ceux des côtes voisines de la Sicile et de l'Italie, Vulcain avait établi ses forges ; la montagne ignivome a la forme d'un cône concave tronqué, du fond duquel s'élève un second cône où est la bouche du cratère. Le cône qui sert d'enveloppe est ouvert du côté de la mer ; dans l'espèce de vallée qui sépare le nouveau cratère de l'ancien, on voit de la pierre ponce et des fragments de lave vitrifiée ; tous ces produits volcaniques sont recouverts d'une couche de cendres blanches. Un coup de marteau sur ces pierres produit un son retentissant que les échos des environs répètent avec bruit, ce qui semble indiquer qu'on est sur la voûte qui recouvre un abîme immense. La hauteur de ce volcan n'est, selon M. Dolomieu, que d'environ 2,400 pieds.

Le cratère a un mille de tour ; quand on y jette une pierre, toute la montagne résonne, et lorsqu'elle arrive au fond, elle fait le même bruit qu'un corps qui tombe dans l'eau ; on suppose que c'est du soufre en fusion. Spallanzani eut le courage de descendre au fond du cratère ; il lui parut de forme ovale et de deux cents mètres environ de diamètre. Le bruit souterrain se faisait entendre comme celui d'un torrent dont les flots s'entrechoquent et battent avec fureur les rochers du rivage ; en plusieurs endroits le sol est percé d'ouvertures d'où sortent des sifflements aigus, comme d'une fournaise, il tremble et s'agite quand on le presse avec les pieds, et un morceau de lave ou une pierre qui tombe de cinq ou six pieds de haut, fait le même bruit qu'une détonation souterraine. On pense que le volcan brûle toujours intérieurement, quoique depuis 1786 il n'y ait pas d'éruption.

Le plus renommé des volcans de Lipari est celui de Stromboli, qui brûle sans interruption depuis plus d'un siècle. La montagne a deux sommets dont le plus élevé a un mille environ de hauteur perpendiculaire. La flamme qui en jaillit est aperçue de dix myriamètres en pleine mer ; aussi les marins ont-ils donné à Stromboli le nom de *Phare de la mer de Sicile*. Le cratère est placé à mi-côte, et son diamètre n'est que de cent mètres au plus, mais il en sort constamment de la fumée et de la flamme, et toutes les sept à huit minutes, des pierres embrasées, dont quelques-unes sont lancées dans la mer ; les autres montant verticalement. retombent dans le cratère qui de nouveau les rejette, ou bien elles finissent par se calciner et se briser. Spallanzani affirme qu'il a vu ces pierres s'élever aussi haut ou même plus haut que le sommet de la montagne qui est encore à neuf cents ou mille mètres au-dessus. Toutes ces éruptions sont accompagnées de détonations qui ne se font entendre qu'au bout de quelques secondes.

Industrie des mules du Pérou

La montagne de Saint-Antoine, sur la route de Guyaquil à Quito, n'est qu'un amas immense de rochers escarpés qu'il faut tantôt descendre ou gravir, tantôt traverser, non sans beaucoup de danger et de fatigue. On se sert pour voyager sur ces routes de mules du pays, accoutumées à ces montagnes, et pourvues d'intelligence autant que de force et d'adresse.

Il y a des endroits où la descente est si rapide, que ces animaux ne pourraient franchir le passage s'ils ne savaient profiter des trous qu'on a pratiquées dans le sentier, pour y placer alternativement leurs pieds de devant et ceux de derrière, en se traînant sur le ventre. Le moindre faux pas ferait infailliblement périr la monture et le cavalier. La descente est plus dangereuse encore que la montée, et les mules font ici

preuve de dextérité et d'instinct. Il est aisé de voir,
aux précautions qu'elles prennent en marchant, qu'elles sentent très bien le danger et qu'elles veulent
l'éviter. Quand elles arrivent au commencement de la
périlleuse descente, elles font un pas en descendant,
puis s'arrêtent, joignent les deux pieds de devant
l'un contre l'autre, rapprochent aussi ceux de derrière,
puis les plient comme pour s'accroupir. Cela fait, on
les voit mesurer de l'œil la route où elles vont s'en-
gager, comme si elles cherchaient à découvrir les obstacles qu'elle leur offrira, afin de les éviter ; et, ces
précautions prises, elles se laissent glisser du haut en
bas, les pieds de devant toujours tendus, et la partie postérieure du corps sur le sol. Ce qu'il y a de
plus étonnant, c'est l'adresse avec laquelle elles suivent les sinuosités du sentier. Il faut absolument que
le cavalier s'en rapporte à sa monture du soin de sa
propre conservation ; car elle s'arrête, se place, s'ar-
range, part d'elle-même. Seulement leurs maîtres les
animent de la voix, les nomment par leurs noms, les
caressent, les flattent, pour les aider à surmonter le
premier mouvement de terreur qu'on voit très claire-
ment qu'elles éprouvent devant le précipice.

Grêlons de deux à douze onces.

La grêle, quelque menue qu'elle soit, cause toujours beaucoup de mal, mais quand les grêlons sont de
la grosseur d'un œuf, et quelquefois même beaucoup
plus gros, quand leur poids varie de deux à douze
onces ou davantage, alors véritable fléau, elle ravage,

elle détruit, elle ruine ; par bonheur ces cas sont rares, mais la chose n'est pas sans exemple.

Le 17 juillet 1666, un orage éclata sur le Norfolk et le Suffolk, et la grêle y fit les plus grands dégâts. On voit par les rapports du temps qu'il tomba des grêlons gros comme des œufs de poule d'Inde ; qu'on en pesa dont le poids excédait deux onces et demie ; qu'on en mesura un de huit pouces de tour, un autre de neuf pouces, un d'un pied. Un charretier eut la tête cassée quoiqu'il portât un chapeau de feutre grossier.

Le 16 mai 1686, une grêle épouvantable tomba sur la ville de Lille et ses environs. Les grêlons pesaient de trois à douze onces, quelques-uns même pesaient davantage. Un de ces grêlons monstrueux avait au milieu de sa masse une matière noirâtre qui, jetée au feu, fit une explosion considérable accompagnée d'une forte détonation. Dans la ville, toutes les croisées furent brisées ; dans la campagne, des arbres furent abattus ou déchirés ; une grande quantité de gibier périt.

Onze ans plus tard, on vit dans la principauté de Galles un gros nuage noir venant du sud-ouest, précurseur de la tempête. Dans le comté de Denbigh tout le long de la côte, la grêle tomba avec tant de violence que les basses-cours furent en un instant dépeuplées. Beaucoup d'agneaux furent aussi tués dans le comté de Flint, il y eut beaucoup de personnes grièvement blessées ; ce fut surtout dans le Lancashire que l'orage fut désastreux ; tous les biens de la terre furent perdus, les grêlons étaient du poids d'environ cinq onces ; ils tombaient de si haut, qu'en arrivant au sol, et leur poids d'ailleurs augmentant par la vitesse de la chute, ils s'enfonçaient dans la terre fraîchement labourée.

Au commencement de mai 1767, dans le Stersford, après un orage mêlé de pluie et de tonnerre, au moment où le ciel commençait à s'éclaircir, un vent d'ouest violent apporta un nuage épais dont les flancs recélaient la grêle ; ce nuage creva près d'Offley ; il y eut plusieurs personnes blessées et un jeune homme tué. La campagne fut horriblement dévastée. On mesura un grand nombre de grêlons, et on leur trouva un diamètre qui n'allait pas au-dessous de sept pouces et qui montait jusqu'à treize ou quatorze.

Le Serpent danseur.

Mille exemples prouvent que beaucoup d'animaux sont sensibles à la musique. L'araignée, ce hideux insecte, prend évidemment plaisir au son des instruments. Il est une classe de serpents pour qui les instruments n'ont pas moins de charme, ce sont les *Cobra di capello* ou serpents à chaperon, décrits par Forbes, dans ses *Oriental Mémoirs*, le naag ou nagao des Indiens ; ce serpent est très beau, mais il est armé d'un venin subtil qui donne la mort en moins d'une heure. On lui a donné le nom qu'il porte, à cause d'une espèce de chaperon ou capuchon qu'il a près de la tête et qu'il peut étendre ou resserrer à son gré. Le chaperon a au milieu deux taches noires et blanches qui ressemblent à une paire de lunettes, ce qui lui fait aussi donner souvent par les Anglais le nom de *Spectacle-Snake*, serpent à lunettes.

« A cette famille, dit Forbes, appartient sans contredit le serpent danseur que les faiseurs de tours portent dans des paniers par tout l'Indostan, et qu'ils font voir à la populace pour une bien mince rétribution. A peine tirent-ils quelques sons de leur petite flûte, que le serpent, levant la tête, marque par ses mouvements le plaisir qu'il éprouve, se dresse à demi sur le sol et se courbe, se relève, se recourbe, s'ondule de mille manières, en suivant la mesure de l'air qu'il entend. C'est un fait bien connu dans l'Inde, que lorsqu'une maison est infectée de serpents de cette espèce ou d'autres espèces semblables, même de serpents boa, on a recours aux musiciens qui, en jouant du flageolet, les font sortir des trous où ils se cachent, et donnent ainsi au propriétaire de la maison le moyen de les tuer aisément. Je crois que ces serpents, amateurs de musique, furent connus autrefois dans la Palestine; car le Psalmiste compare l'impie au serpent sourd qui n'entend pas la voix de l'enchanteur.

» Aussitôt que la musique cesse, le serpent cesse de se mouvoir, et si le musicien n'avait pas le soin de le renfermer promptement dans le panier, quelque accident fâcheux pourrait être la suite de cette négligence.

» J'ai, parmi mes dessins, celui du Cobra di capello. Ce reptile dansa pendant une heure entière sur une table, c'est-à-dire tout le temps qu'il me fallut pour le dessiner; je le touchai même plusieurs fois pour lui donner des poses qui fissent mieux ressortir la beauté de ses couleurs, principalement les taches du chaperon. J'étais, il est vrai, persuadé qu'on avait eu la précaution de lui ôter, jeune encore, les dents sous lesquelles la nature a caché le venin; sans cette opinion que j'avais, je me serais donné de garde de manier ce dangereux reptile. Le lendemain matin, un

serviteur que j'avais, Mohammed, zélé musulman,
m'engageait à remercier Allah de la faveur qu'il m'a-
vait faite ; comme je ne savais pas quel était le mot.
de ses instances, je lui répondis que j'avais fait déjà
mes dévotions. Alors il me raconta que tandis qu'il
achetait des fruits au bazar, le même homme que
j'avais eu la veille chez moi avec son serpent, était
venu s'installer sur la place, et que, suivant l'usage,
les curieux s'étaient rangés autour de lui. Tout-à-
coup le serpent, soit que l'homme eût cessé trop tôt
de jouer, soit que l'animal eût été irrité par quelqu'autre cause, s'était élancé sur une jeune femme qu'il
avait mordue à la gorge. Cette malheureuse femme
était morte au bout d'une demi-heure. Après ce récit, Mohammed ne cessait de me dire : Rendez grâce
à Dieu ; vous avez eu du bonheur.

Vengeance d'un Eléphant sauvage.

Le voyageur Lichtenstein, qui a parcouru l'Afrique
méridionale, raconte le trait suivant. Il prouve que
l'éléphant n'a pas moins de sagacité dans l'état sauvage que lorsqu'il a été apprivoisé . il prouve aussi
combien cet animal est implacable dans ses ven-
geances.

« Deux Anglais, Muller et Price, faisaient partie
d'une troupe de chasseurs qui s'étaient engagés dans
la Cafrerie où les éléphants abondent, pour tâcher de
prendre quelques-uns de ces animaux. Muller et son
ami s'étaient séparés de la bande; ils ne tardèrent
pas à trouver les traces d'un éléphant; bientôt ils
aperçurent l'animal même sur le penchant d'une col-

line. La règle invariable en pareil cas est, pour le chasseur, de prendre les hauteurs autant que possible, afin de pouvoir, s'il manque son coup, gagner un lieu où l'animal ne puisse le suivre à cause de sa pesanteur et de son volume. Price négligea cette précaution. Il tira sur l'éléphant de bas en haut et de trop loin ; l'animal ne fut que légèrement blessé.

» L'éléphant furieux se précipita vers les deux chasseurs qui, piquant leurs chevaux, tâchèrent, mais en vain, d'éviter l'atteinte de ce terrible ennemi. Favorisé par la pente du terrain, l'éléphant courut plus vite que les chevaux, qui d'ailleurs étaient harassés de fatigue ; il joignit les deux fuyards, et s'avançant entre les deux chevaux qui couraient de front, il toucha de sa défense la cuisse de Muller. Au même instant la trompe redoutable se lève ; Muller se croit perdu, mais la trompe, en retombant, choisit sa victime , c'est Price qu'il saisit par la tête. Le malheureux est lancé en l'air ; l'éléphant aussitôt s'arrête ; les deux chevaux continuent de courir, ce n'est qu'au bout de quelque temps que Muller peut reprendre ses sens. Alors il se retourne . il voit l'éléphant acharné sur son infortuné compagnon qu'il écrase sous ses pieds.

» Muller ayant rejoint sa troupe, tous les chasseurs vinrent ensemble sur les lieux. Au moment où ils se disposaient à enlever le corps de Price pour l'ensevelir, l'éléphant, qui se tenait caché derrière un hallier très épais, comme s'il eût voulu garder la victime qu'il venait d'immoler, fondit sur les chasseurs qui, pris à l'improviste, s'enfuirent de toutes parts. L'éléphant ne les poursuivit pas, mais il revint sur le cadavre, qu'il foula de nouveau sous les pieds, comme pour assouvir sa haine. Les chasseurs s'étant alors concertés pour l'attaquer, parvinrent à le tuer. »

La Soufrère de l'île Saint-Vincent.

Un ancien volcan existait dans l'île Saint-Vincent, mais depuis un siècle il paraissait éteint, une brillante végétation s'était établie jusqu'au sommet du cratère, rien n'annonçait la possibilité d'une éruption nouvelle ; rien ne troublait la paix qui régnait dans ces lieux que la nature semblait prendre plaisir à orner de ses dons. On n'y éprouvait de tempêtes que celles qui sont communes aux régions tropicales ; cependant un grand nombre de tremblements de terre s'étaient fait sentir dans le courant de 1811 ; on pouvait prévoir de futurs ou même de prochains orages, la montagne elle-même semblait de temps en temps éprouver quelque agitation ; on avait des idées, des craintes vagues ; toutefois, cela n'empêchait pas les curieux d'aller visiter l'ancien cratère. Encore le 26 avril 1812, des voyageurs anglais montèrent au sommet de la montagne et ils y passèrent une partie du jour, admirant les beautés que la nature y avait pour ainsi dire cachées. Ils n'y remarquèrent rien d'extraordinaire, ne virent aucun de ces symptômes qui précèdent les grandes convulsions de la terre ; seulement ils observèrent qu'il sortait beaucoup de fumée par les petites fentes du cône qui s'élevait au fond du cratère.

A deux mille pieds au-dessus du niveau de la mer, c'est-à-dire vers les deux tiers de la hauteur de la montagne, sur le côté méridional, existait une ouverture circulaire d'un diamètre d'environ huit cents mètres et cent vingt de profondeur. Au centre de cette espèce de bassin s'élevait un cône d'environ soixante-sept à quatre-vingts mètres de hauteur et cinquante de diamètre, tout couvert jusqu'à la moitié d'herbes, de buissons fleuris, d'arbustes et de ceps de vigne. Au-dessus de cette riche ceinture, et jusqu'au sommet était une croûte brillante de soufre vierge : les petites fentes du cône laissaient échapper une légère vapeur blanche qui, quelquefois, se mêlait à des flammes bleuâtres semblables à ces feux errants que nous voyons dans les nuits d'été voltiger sur la tête de nos moissons. Les côtés du magnifique amphithéâtre qui entourait le cône étaient garnis d'arbrisseaux toujours verts, de fleurs, de buissons aromatiques et de plantes alpines. Au fond du bassin, au nord et au sud du cône, se trouvaient deux étangs, l'un plein d'une eau pure, limpide, inodore ; l'autre d'une eau fortement imprégnée de soufre et d'alun. Ces paisibles lieux renfermaient pour habitants des oiseaux de l'espèce du merle, et qu'on ne trouvait dans aucun autre endroit de l'île. Leurs chants, assez mélodieux, augmentaient le charme de ces douces retraites.

Soudain, au moment où l'horloge du village voisin sonnait l'heure de midi, le 27 avril 1812, un craquement horrible se fit entendre sur la montagne, la terre en fut tout ébranlée, et l'alarme devint générale. En même temps une immense colonne de fumée épaisse, noire, gluante, s'éleva jusqu'aux nues, une pluie de sable, de cendre et de matières calcinées tomba autour du cratère, et couvrit promptement le sol, les roseaux, les arbustes, les plantations, d'une couche de cendres brillantes, qui ressemblaient à de la neige légèrement recouverte de poussière. A mesure que l'éruption acquérait de la violence, cette pluie dévorante s'étendait au loin et détruisait jusqu'à l'apparence de la végétation antérieure.

L'éruption continua de la même manière toute la

nuit et toute la journée du lendemain. Il sortait peu
de flamme du cratère, mais la colonne de cendre et
de pierres calcinées montait toujours à une hauteur
immense, et l'on ne cessait d'entendre des détonations
semblables à celles que produit un tonnerre lointain.
Le 29, les symptômes devinrent plus menaçants ; la
colonne, sans rien perdre de sa hauteur, s'élargit
considérablement et se renfla comme un ballon. Le
soleil ne pouvait percer de ses rayons l'atmosphère
épaisse ; on n'avait au milieu du jour qu'un faible cré-
puscule qui ne servait qu'à faire ressortir toute l'horreur de cette scène de destruction.

Chacun s'attendait à une terrible catastrophe. Les
colons éclairés se doutaient bien que les matières
embrasées cherchaient à se frayer un passage au-
dehors, et qu'elles renverseraient tôt ou tard les obstacles qui s'opposaient à leur épanchement. Ils ne se
trompèrent point, et vers la nuit on vit une vive
flamme s'élancer de la bouche du cratère. Le lendemain fut le jour de la catastrophe. La flamme, la fumée, la pluie de pierres et de cendre acquéraient de
l'intensité, les détonations devenaient plus fréquentes
et plus fortes ; la terre frémissait quoiqu'il n'y eût
pas encore tremblement. Les Caraïbes, qui habitaient
Morne-Ronde, au pied de la soufrière, abandonnaient
leurs maisons, emportant leurs provisions et leur mo-
bilier ; les nègres désertaient les habitations, et en
regardant la montagne ils tremblaient de tous leurs
membres ; les oiseaux tombaient à demi morts sur le
sol, les ailes couvertes de cendre ; le bétail ne trouvait plus un brin d'herbe ; tout était enterré sous les
scories. La mer semblait avoir perdu sa couleur, mais
elle était peu agitée ; on eût dit qu'elle ne prenait
point de part aux convulsions qui tourmentaient l'île.

Cependant le cratère vomissait des torrents de feu ; toute la montagne n'était qu'une ardente fournaise ; les flammes qui montaient vers les nues éclairaient seules cette scène de désolation. A sept heures du soir la lave commença à couler du côté du nord-ouest. Arrêtée dans sa marche par un énorme rocher, elle s'accumula contre lui, le pressa, le brisa, et tomba dans la mer, entraînant les bois et le sol qui les supportait. De minute en minute, on voyait sortir du cratère des globes embrasés qui éclataient en l'air, et retombaient en pluie de feu. Pendant la nuit il se forma un autre courant de lave qui se dirigea vers Rabacca, avec un bruit épouvantable. En même temps on sentit une violente secousse de tremblement de terre. Elle fut suivie de plusieurs autres. Toutes les habitations furent renversées, les arbres arrachés, les plantations détruites, le sol bouleversé, et les malheureux habitants, fuyant de toutes parts, étaient poursuivis par la pluie de cendres et de pierres embrasées. Le volcan commença à s'apaiser le premier mai, mais l'île entière n'offrait plus que des ruines.

Les Sables du Désert.

Souvent, au milieu des déserts qui séparent la Perse de l'Indoustan, le voyageur surpris par les vents, menacé de trouver un tombeau sous les sables soulevés, a désespéré de sa vie ; et ce n'était pas une crainte puérile, car beaucoup de voyageurs avant lui ont péri submergés sous leurs masses mobiles que le vent agite, pousse, disperse ou ramène ; et beaucoup d'autres sans doute périront encore.

Dans ces déserts inhospitaliers, on se trouve tout
d'un coup, au premier souffle des vents, entouré de
montagnes mouvantes d'un sable extrêmement fin,
presque fluide, qui, venant ensuite à s'abaisser, forment des vagues qu'on voit onduler comme celles de
la mer. Mais bientôt, si le vent continue, ces vagues
s'amoncèlent, et en très peu d'heures elles se trans-
forment en monticules de vingt-cinq à trente pieds de
haut ; en même temps l'atmosphère se remplit de sable, si délié et si fin qu'il pénètre partout. Au surplus,
la vitesse et le mouvement perpétuel de ces vagues
sont tels que les hommes et les animaux en ont la
vue toute troublée, de sorte qu'ils s'avancent au hasard comme s'ils étaient dans les ténèbres. Le chameau est le seul animal qui résiste à ces marches pé-
nibles sans paraître trop épuisé par la fatigue. La nature, il est vrai, semble l'avoir créé pour de telles contrées, et ses organes sont les plus propres à cette
destination apparente.

Le lieutenant Pottinger, dans la relation de son
voyage au Belouchistan, décrit de la manière suivante
la mer de sable et ses vagues :

« J'avais à traverser le désert de sable rouge. Ce
sable est si fin qu'il est presque impalpable ; il glisse
et s'échappe hors de la main qui veut le saisir. Les
vents le soulèvent en masses qui ont de dix à vingt
pieds de hauteur, et ces masses mobiles sont de véri-
tables vagues qui se dirigent principalement de l'ouest
à l'est. Presque toutes s'élèvent perpendiculairement
du côté opposé au vent ; on les prendrait d'un peu
loin pour des murs de brique. Le côté exposé au vent
se termine par une pente qui descend jusqu'à la base
de la vague voisine ; celle-ci monte aussi verticalement,
et offre à son revers les mêmes formes que la pre-

mière, c'est-à-dire une pente sur la face tournée au
vent. J'étais obligé de traverser ces vagues pour continuer mon chemin ; ce ne fut pas sans peine et sans
fatigue pour les chameaux. Ces animaux montaient
assez bien le côté en pente, mais arrivés au sommet
de la vague, ils éprouvaient beaucoup de difficulté
parce qu'il s'agissait de descendre presque perpendiculairement. Ce qui diminuait l'embarras, c'était le
peu de consistance du sable, qui s'éboulait à la moindre pression. Le chameau chef de file se mettait sur
les genoux, et il se laissait aller en glissant du haut en
bas. Il frayait ainsi aux autres chameaux un passage
qu'ils franchissaient tout heureusement et sans ren-
verser leurs charges.

» La nuit fut sombre mais calme ; je la passai à
l'abri d'une de ces vagues. Le lendemain, j'eus, ainsi
que mes gens, une journée de fatigue et d'ennui
comme la veille ; mais cela n'était rien au prix de ce
que nous eûmes à souffrir des *vapeurs du sable*. Je
me sers du mot vapeur, car le sable flottant dans l'atmosphère était si délié, si subtil, qu'il avait l'apparence d'une vapeur légère. Dans la matinée du troisième jour, nous aperçûmes, à un demi-mille en avant
et à quelques pouces d'élévation au-dessus de la tête
des vagues, une vapeur rougeâtre qui semblait s'éloigner à mesure que nous avancions. Mais à la fin cette
vapeur nous ceignit de tous les côtés, et nous éprou-
vâmes alors une irritation extrême par tout notre
corps, principalement aux yeux, aux oreilles, à la
bouche et dans les narines. Cette irritation, qu'ac-
compagnait une soif ardente, était causée par les
particules de sable qui s'introduisaient par nos pores.

» Les naturels prétendent que ces vapeurs de sable
sont produites par les rayons solaires, comme celles

qui sortent de l'eau exposée à l'évaporation. Le phénomène en effet n'a lieu que pendant la grande chaleur du jour. Je crois que le soleil est cause en partie du phénomène, mais son action seule serait insuffisante, car il faudrait supposer les particules de sable plus légères que celles du calorique qui les enlèverait. Voici ce que je crois : Le vent en tourbillonnant enlève une immense quantité de sable qu'il transporte au loin. Ce sable retombe quand le vent cesse ; mais les parties les plus subtiles, raréfiées par la chaleur, acquièrent une légèreté telle que l'air est capable de les supporter ; elles restent donc suspendues dans l'atmosphère, flottant et ondulant au gré des mouvements de l'air. Mais quand la chaleur diminue et que la température baisse, ces mêmes particules refroidies reprennent toute leur gravité spécifique, et alors elles obéissent à la loi générale de la nature qui les force à descendre.

» Nous courûmes bientôt après un danger d'une autre espèce. Un coup de vent subit souleva de grandes masses de sable qui commencèrent à tourner sur le sol, s'arrondirent en tournant et prirent la forme de colonnes dont la tête montait à une hauteur considérable. J'en comptai trente ou quarante à la fois de toute dimension, je supposai qu'en général elles avaient une soixantaine de pieds de diamètre. Aussitôt que notre guide s'aperçut que les tourbillons allaient se dissiper, il nous dit de mettre pied à terre et de nous cacher sous le ventre des chameaux. Nous eûmes à peine le temps de le faire. En un instant nous fûmes inondés d'une pluie de sable si épaisse qu'elle nous ôta la clarté du jour. »

Dans le cours de ses voyages à la recherche des sources du Nil, M. Brun a vu plusieurs fois ces colonnes tournantes de sables; spectacle magnifique, dit-il, mais effrayant! Arrivé à la partie du désert qui est à l'ouest de Chendi, il aperçut à différentes distances un grand nombre d'immenses colonnes de sable; quelques-unes tourbillonnaient et se mouvaient avec la plus grande rapidité, d'autres marchaient lentement et avec majesté. Brun et ses compagnons de voyage craignirent plus d'une fois d'être ensevelis sous les débris de quelqu'une de ces colonnes, et ils reçurent assez souvent des ondées de sable que le vent leur envoyait. Parmi ces colonnes, les unes portaient leur tête jusqu'aux nues; d'autres se divisaient par le milieu de la hauteur, ou seulement la tête se séparait du corps. Celles-ci ne tardaient pas à tomber et à se dissiper. Vers le milieu du jour, toutes les colonnes qui restaient debout s'avancèrent vers les voyageurs avec une vitesse extraordinaire. Brun en vit onze, rangées sur un seul rang; elles étaient encore à trois milles de distance; vues de ce point éloigné, elles paraissaient avoir un diamètre de dix pieds. Heureusement le vent changea soudain, et les colonnes prirent une direction opposée; elles s'éloignèrent, mais en partant elles laissèrent dans l'esprit des voyageurs une impression profonde d'étonnement, mêlé de crainte et de terreur.

Quelques jours après, M. Brun revit au lever du soleil un grand nombre de colonnes tournantes. Il ne put les compter; il dit seulement qu'elles formaient comme une forêt, et que leur diamètre était peu considérable. Les rayons du soleil, qui les frappaient horizontalement, les faisaient briller de mille feux, ce qui jeta la consternation parmi les gens de sa suite, qui crurent presque tous que c'étaient réellement des colonnes de feu qui les allaient dévorer.

Dans son voyage en Egypte, le docteur Clarke a été aussi témoin du phénomène vu par Brun et Pottinger. « Une de ces immenses colonnes de sable, dit-il, dont parle Brun, tournant sur sa base comme sur un pivot, s'avança rapidement vers nous. Elle traversa le Nil à très peu de distance de notre vaisseau, qui fut presque couché sur le travers, tellement que la grande voile toucha l'eau. La colonne disparut tandis que l'équipage travaillait à réparer le désordre Je ne pense pas que ces colonnes s'abattent subitement sur un lieu donné, de manière à couvrir et enterrer une caravane, comme on l'a prétendu ; mais il est vraisemblable que le sable qui s'est accumulé peu à peu se dissipe de même, et que la colonne, diminuant insensiblement de volume, finit par disparaître. »

L'Eléphant fossile de la Sibérie.

En 1799, un pêcheur Tongouse remarqua une masse extraordinaire adhérente à un banc de glace qui se trouvait auprès de l'embouchure d'une rivière sur la côte de Sibérie. Il ne put reconnaître la nature de cette masse, parce qu'elle était si élevée qu'il ne put arriver jusqu'à elle. L'année suivante, il revit le même objet, qui lui parut plus dégagé de la glace que lorsqu'il l'avait vu pour la première fois, mais il ne put encore distinguer ce que c'était. Ce ne fut que vers la fin de l'été 1801 qu'il parvint à reconnaître un animal énorme. L'un de ses côtés était encore pris dans la glace ; mais la glace ayant beaucoup fondu dans l'été de 1803 il découvrit enfin l'animal entier, qui paraissait être un éléphant. En se dégageant de la glace il était tombé sur un banc de sable tenant au continent. Le Tongouse enleva les deux défenses, qu'il vendit pour quarante roubles (environ 300 fr.)

L'année suivante, l'animal était encore sur le banc de sable, mais son corps était tout mutilé. Les habitants des environs avaient enlevé une grande quantité de ses chairs pour en nourrir leurs chiens, et les bêtes féroces, les ours blancs principalement, avaient dévoré le reste, mais le squelette était encore entier, à l'exception d'un os d'une des jambes de devant qui avait disparu. Quelques filaments et une partie de la peau y tenaient encore. Une épaule qui avait été détachée fut trouvée à peu de distance. La tête était restée couverte de sa peau desséchée. On pouvait distinguer encore la pupille des yeux. Le crâne conservait aussi une partie de la cervelle. Une oreille était tout entière, bien recouverte de longs poils; la lèvre supérieure était à demi-rongée; l'inférieure l'avait été en entier; toutes les dents se trouvaient ainsi mises à découvert et on les distinguait très bien.

La peau était dure, épaisse et pesante; comme elle était presque entière, il fallut les efforts de dix hommes pour l'emporter, encore eurent-ils beaucoup de peine. On recueillit sur le sol environnant une vingtaine de livres de laine et de soies. La laine était de trois sortes : la première espèce consistait en poils noirs et raides, longs d'environ un pied ; des poils plus déliés, formant une laine grossière, composaient la seconde, la couleur était d'un brun rougeâtre ; la troisième espèce était une véritable laine un peu moins grossière et de même couleur attachée à la surface de la peau.

Cette circonstance remarquable a fourni la preuve

2

que cet animal appartenait à une race d'éléphants destinés par la nature à vivre dans les climats froids, et nullement sous la zône torride ; ce qui détruit bien des hypothèses sur l'origine des grands quadrupèdes fossiles dans les régions du nord.

La grande Caverne de Kentucky.

On lit dans le *Monthly-Magazine* du mois d'octobre 1816, l'intéressante description d'une caverne immense qui a été récemment découverte et visitée dans le comté de Warsen, état de Kentucky, dans un territoire qui est coupé de ravins, mais qui n'offre point de montagnes. Cette description est due au sieur Nahun Ward, qui a visité la caverne dans toutes ses parties.

Muni de guides, de flambeaux, de provisions et d'instruments, il descendit d'abord dans une espèce de puits d'environ quarante pieds de diamètre et d'autant de profondeur, au fond duquel se trouve, à côté d'une source d'eau fraîche, l'entrée de la caverne. L'ouverture, qui offre d'abord une largeur de trente pieds, ne tarde pas à se rétrécir pour s'élargir de nouveau et former une galerie souterraine, large de trente à quarante pieds, haute de vingt, et longue d'un mille. Au bout de cette galerie on trouve une manufacture de salpêtre récemment établie. Là commence une autre galerie non moins longue, mais plus large que la première, et surtout beaucoup plus haute. Les propriétaires de la manufacture ont presque partout construit des murailles pour soutenir les côtés, qui sont en général perpendiculaires.

En avançant dans la caverne, on arrive à une place immense, qu'on appelle la Cité, à six milles de l'entrée. La route qui y conduit a de soixante à cent pieds d'élévation sur une largeur égale. Le sol est partout couvert de débris calcaires et de terre imprégnée de salpêtre.

« Quand j'entrai, dit le docteur, dans cette salle, qui contient huit acres de terrain, dont aucun pilier ne supporte la voûte qui paraît ne former qu'une seule masse, je restai longtemps frappé d'étonnement et d'admiration. Jamais je ne vis rien d'aussi grand, d'aussi majestueux, d'aussi sublime! »

A mesure que le docteur avançait dans ces immenses souterrains, il avait soin de tracer sur la pierre du sol, au commencement et à la fin de chaque galerie nouvelle, des flèches dont la pointe était tournée vers l'entrée. Sans cette précaution, et malgré le secours de ses guides, il aurait couru grand risque de se voir enseveli tout vivant dans ce dédale de salles, de galeries et d'avenues ; une fois même il ne fut pas exempt de crainte : car il se trouva complètement égaré pendant quinze ou vingt minutes.

La seconde place ou cité, à deux milles de la première, en diffère peu ; la voûte en est seulement plus élevée, et la distance de la voûte au sol, au milieu de la salle, doit être de deux cents pieds au moins. Une avenue en pente conduisit le docteur à la troisième cité, à un mille environ de la seconde. Celle-ci n'a que cent pieds en carré et cinquante de hauteur. On y voit jaillir d'un des côtés du rocher une source d'eau délicieuse qui se perd en retombant à travers les crevasses du sol.

La quatrième cité, à dix milles de l'entrée, est un peu moins étendue que la première ; on remarque,

dans l'avenue par laquelle on y arrive, une vingtaine
de piliers de salpêtre et des débris de pierre calcaire;
il parut évident au docteur que ces débris étaient de
main d'homme, de même que les piliers. Le docteur
reprit ensuite le chemin de la grande cité, où il n'arriva qu'à dix heures du soir; mais comme il était
déterminé à explorer toute la caverne, il s'engagea
dans une avenue autre que celle qu'il avait d'abord
prise. Cette avenue nouvelle le conduisit à une cinquième place d'environ quatre acres; le sol en était
jonché de pierres calcaires, et l'on y voyait des traces
de feux qu'on y avait allumés.

Une autre avenue aboutissait à une salle de six
cents pieds au moins de diamètre, et dont la voûte en
avait cent cinquante d'élévation au-dessus du sol. Il
était minuit lorsqu'il entra dans cette vaste pièce, et
il y fut assailli d'idées qui n'étaient pas gaies : Si ces
voûtes allaient devenir pour lui un vaste tombeau!
Cette réflexion le força de presser sa marche, malgré
la fatigue qu'il ressentait, et de retourner à la grande
salle. Sur cinq avenues qu'elle renferme, il n'en avait
parcouru que trois, et il lui restait encore à voir la
salle des pétrifications; il s'y rendit par une large galerie, et il y trouva des concrétions sans nombre.

Il ne sortit de la caverne qu'à trois heures du matin, et il fut sur le point de tomber en défaillance,
moins encore par la fatigue d'une marche presque
continuelle de dix-neuf heures que par l'effet que produisit sur lui l'action de l'air libre, après avoir si
longtemps respiré l'air nitreux de la caverne.

Parmi les autres particularités de ce voyage souterrain, il y en a une qui est digne de remarque. Au
fond d'une large avenue il existe une ouverture qui
ressemble à une trappe; en se laissant glisser à côté

d'une large pierre plate, on arrive, après une descente de seize à dix-huit pieds, à un défilé assez étroit, mais de plain-pied ; ce défilé serpente long-temps sous terre, et se divise enfin en deux branches qui l'une et l'autre conduisent à la pièce qu'on appelle *salle du sel de Glauber*, parce qu'on y a trouvé des sels de cette nature. On trouve ensuite la *salle des malades*, la salle Jes chauves-souris, celle des cristaux, et enfin celle *des visites*, qui renferme un écho. La voûte de cette dernière est incrustée de spath, et, dans plusieurs de ses parties, on voit des colonnes de la même matière qui montent du sol jusqu'à la voûte. Vers le milieu de la voûte est une espèce de dôme, haut en apparence de cinquante pieds, orné de draperies, de festons et de guirlandes, et brillant des plus riches couleurs.

Non loin de cette chambre de visites, on entend le bruit d'une cataracte ; et à l'extrémité de l'avenue on trouve un grand bassin ou réservoir plein de très bonne eau : on aperçoit au-delà de ce réservoir un grand nombre de colonnes de spath, hautes de vingt mètres environ, presque toutes perpendiculaires. Tout cela, s'écrie le docteur Ward, surpasse en éclat, en beauté, en magnificence, les plus riches ouvrages de l'art !

Iles sorties de la mer.

Parmi les phénomènes volcaniques les plus faits pour exciter l'étonnement, on doit mettre au premier rang la naissance des îles dans la mer, par l'effet d'une conflagration souterraine. Au surplus, les tra-

vaux de nos géologues modernes expliquent ce phénomène par les mêmes raisons que l'on donne pour
la formation des nouveaux volcans. Il doit même arriver que ces gonflements de la croûte terrestre, partout où les feux souterrains trouvent une moindre résistance pour faire leur explosion, sont plus fréquents
dans la mer que sur la terre, puisque la mer couvre
les deux tiers environ de la surface du globe ; mais
on a sur la mer beaucoup moins d'occasions d'observer ; ce n'est guère que le hasard qui peut rendre des
navigateurs témoins de ce magnifique spectacle, à
moins qu'il n'ait lieu sur les côtes d'une terre habitée.

Ces apparitions d'îles nouvelles, soit de notre
temps, soit dans les temps anciens, ont toujours été
précédées par une grande agitation des eaux, par des
mugissements affreux de la terre et d'autres symptômes qui annoncent sur le continent les grandes éruptions volcaniques. Quand l'île nouvelle s'est élevée
au-dessus des eaux, les flammes, la fumée, les détonations, l'écoulement des laves, tout a annoncé un
volcan. Ces îles ainsi formées, dont le sol ne se compose guère que d'une couche de déjections de pierres,
de cendres, de laves, étendues sur des lits bouleversés
de granit, de porphyre, de basalte ou de matières
semblables, restent longtemps vouées à la stérilité ;
mais au bout de plusieurs siècles, les dépôts successifs des matières apportées par les vents, ou rejetées
par la mer, et les débris des premiers végétaux que
la nature y fait croître, changent la qualité du sol et
le rendent fertile, ou pour mieux dire y forment un
sol nouveau, comme cela est arrivé dans les îles nom-
breuses de la mer du Sud, qui ne doivent leur existence qu'aux travaux des polypes.

Sénèque et Pline sont les premiers qui parlent, chez

les anciens, d'îles sorties de la mer. Sénèque fait men (
tion de l'île de Thérasée dans la mer Egée. Un grand
nombre de navigateurs qui traversaient cette mer la
virent s'élever au-dessus des eaux. Pline cite non-
seulement Thérasée, mais encore Hyéra, qui en est
voisine ; l'une et l'autre, selon cet écrivain, ont été
produites par l'explosion des feux souterrains ; il
nomme d'autres îles dont l'origine est la même ; il
ajoute que dans l'une on trouva grand nombre de
poissons, de mauvaise qualité sans doute, car tous
ceux qui en mangèrent payèrent de la vie leur im-
prudence.

. L'île d'Acrotéri, dont il est souvent parlé dans
l'histoire ancienne, était, comme Thérasée, d'origine
purement volcanique. Elle apparut pour la première
fois à la suite d'un grand tremblement de terre. Le
sol se composait d'un terreau très fertile sur un lit
de pierre ponce. Quatre îles voisines sont nées de
même, dit-on, quoique la mer ait là tant de profondeur
que la sonde n'y trouve point de fond. La première
sortit de la mer longtemps avant l'ère vulgaire, la
seconde au commencement de cette ère, la troisième
au viii° siècle, la quatrième en 1573.

Le 22 mai 1707, un tremblement de terre très violent se fit sentir dans l'île de Stanchio, l'ancienne
Cos, patrie d'Hypocrate et d'Apelle. Le lendemain
matin plusieurs marins aperçurent, à peu de distance
dans la mer, quelque chose qu'ils ne distinguaient pas
bien et qu'ils prirent pour les débris d'un bâtiment
naufragé. Ils se hâtèrent de se diriger vers ce point,
mais au lieu de ce qu'ils cherchaient, ils ne trouvèrent
que de la terre et des rochers ; à leur retour, ils répandirent la nouvelle de ce qu'ils avaient vu, ce qui
fit naître dans les uns la curiosité, dans les autres la

terreur. Quelques jours après, les premiers allèrent
visiter l'île nouvelle ; ils la trouvèrent composée de
rochers, et dans l'intervalle, d'une pierre blanchâtre
fort tendre qui pouvait se couper au couteau ; une
grande quantité d'huîtres étaient attachées aux rochers. Ces huîtres leur semblèrent une bonne fortune
que la Providence leur envoyait, ils se mirent à les
ramasser ; mais tandis qu'ils se livraient avec empres-
sement à cette occupation, ils sentirent que l'île trem-
bla't et s'enfonçait sous leurs pieds, ce qui les obli-
gea de fuir au plus vite vers leurs bateaux.

Cependant, non-seulement l'île ne disparut pas,
mais encore elle s'exhaussa et s'agrandit considérablement ; mais plus elle s'élevait d'un côté, plus elle
s'abaissait de l'autre. Un gros rocher sortit de la mer
à une quarantaine de pas de l'île ; au bout de quatre
jours il s'enfonça pour ne plus reparaître ; d'autres rochers sortirent de l'eau et y rentrèrent plusieurs fois,
mais à la fin le sol parut s'affermir. Pendant tout ce
temps, la couleur de la mer avait changé plusieurs
fois : d'abord légèrement verdâtre, elle prit une couleur rouge qui se changea plus tard en jaune pâle ;
quand cette dernière couleur parut, on sentit une
puanteur insupportable qui s'étendait jusqu'à l'île de
Santorini.

Les flammes et la fumée ne commencèrent à s'ouvrir un passage que le 19 et le 20 juillet, deux mois
après la naissance de l'île. Comme il ne faisait point
de vent, la flamme s'éleva perpendiculairement et elle
monta si haut qu'on l'aperçut de Candie et d'autres
îles non moins éloignées. Plus tard le volcan fit entendre des détonations qui ressemblaient tantôt à une
canonnade, tantôt au bruit de pierres qui roulent et
tombent dans un puits, tantôt à des éclats de ton-

nerre. Plusieurs cratères se formèrent, plusieu s î o s
se montrèrent, l'île augmenta de volume. Il y eut des
tremblements de terre, des éjections de lave, de
pierres embrasées, de cendres, et les éruptions furent
continuelles jusqu'à la mi-août de l'année suivante ;
epuis cette dernière époque, la fumée, le feu, le
bruit continuèrent, mais avec beaucoup moins d'intensité. Au bout de plusieurs années l'île s'était con-
solidée et les feux ne se montraient plus que très rarement. Un demi-siècle s'est écoulé sans qu'il y ait
eu éruption. Un voyageur qui a passé devant cette
île en 1811 n'y a vu qu'une grande masse de rochers
inhabités et inhabitables.

Un événement de même genre eut lieu aux Açores
au commencement de 1820. On éprouva d'abord à
Tercère de rudes secousses de tremblement de terre ;
le lendemain on vit une île nouvelle sortie de la mer ;
pendant la nuit, il en sortait une vaste colonne de
fumée. La sonde, près de cette île, ne trouva point
de fond à soixante brasses. La mer offrait le mélange
de plusieurs couleurs du côté opposé à Tercère, elle
avait très peu d'eau. Cette île paraissait assez considérable ; au bout de quelque temps elle s'enfonça dans
la mer, elle n'a plus reparu.

Le capitaine Tillard, de la marine anglaise, a vu,
en 1811, non loin des Açores, un événement à peu
près semblable ; nous emprunterons à son récit, en
l'abrégeant, des particularités intéressantes :

« Je commandais, dit cet officier, le sloop du roi
le *Sabrina*, et j'approchais le 12 juin 1811 de l'île
Saint-Michel, quand j'aperçus à l'horizon deux ou
trois colonnes de fumée ; je crus que deux vaisseaux
étaient aux prises, mais la fumée devint si épaisse et
elle s'étendit si loin que je fus bientôt obligé de chan-

ger d'opinion, et comme avant mon départ j'ouïs dire
à Saint-Michel que dans le mois de janvier ou février
de la même année, un volcan avait brûlé près de l'île,
je pensai que c'était le même volcan qui brûlait encore. Voulant examiner de près ce phénomène, je
partis de Ponta-del-Gada avec M. Read, consul-géné-
ral des Açores, et deux personnes qui voulurent se
joindre à nous. A trente milles environ de la pointe
nord-ouest de Saint-Michel, nous nous trouvâmes au
sommet d'un rocher d'où nous aperçûmes le volcan
dans toute sa magnifique horreur. Il n'était guère
éloigné de nous que d'un mille.

» Qu'on se figure une masse immense de fumée
sortant du milieu des vagues. Elle avait l'apparence
d'un nuage circulaire. tournant sur la surface de l'eau
comme une roue horizontale, s'épanchant peu à peu
en s'élargissant du côté qui était sous le vent. Tout-à-
coup s'éleva une colonne de cendre noirâtre mêlée de
blocs de pierre, sous la forme d'une aiguille inclinée
de dix à vingt degrés de la ligne verticale : cette éjection fut suivie de plusieurs autres, et les matières ainsi
lancées montaient à la hauteur de notre œil ; le rocher sur lequel nous étions pouvait bien avoir cent
seize mètres de hauteur perpendiculaire.

» A mesure que la force impulsive diminuait, ces
colonnes qui se succédaient se divisaient en une infinité de branches qui se ramifiaient en festons, en
guirlandes, en panaches de formes les plus variées.
Cependant une flamme vive et brillante continuait de
sortir du volcan, tandis que le nuage de fumée s'élevant bien au-dessus du point que les cendres pouvaient atteindre, était, dans ces hautes régions, saisi
par le vent qui le divisait et en faisait tourbillonner
rapidement les parties.

» La portion de la mer d'où sortaien les flammes
n'avait guère que trente brasses de profondeur. Peu
de temps après que nous fûmes arrivés au rocher, un
de nos guides prétendit qu'il apercevait un pic au-
dessus de l'eau ; nous regardâmes, mais aucun de
nous ne vit rien ; le guide pourtant ne se trompait
pas, mais il avait de meilleurs yeux que nous ; ce ne
fut qu'au bout de quelque temps que nous vîmes le
nouveau cratère qui, trois ou quatre heures après sa
formation, avait déjà sept mètres de haut et cent ou
cent trente de diamètre.

» Chaque éruption considérable était précédée ou
accompagnée de détonations qui ressemblaient à une
vive canonnade mêlée de mousqueterie, et de légères
secousses de tremblement de terre. J'avais d'abord
refusé de croire à cette dernière circonstance ; mais
tandis qu'assis à deux mètres au-dessous du sommet
du rocher, je partageais avec mes compagnons les
provisions que nous avions apportées, il se fit une
éruption nouvelle extrêmement violente et accompagnée de plusieurs secousses, qui eurent bientôt levé
tous mes doutes. Si j'avais pu en garder encore, ils
auraient dû s'évanouir devant une large fente qui se
fit au rocher même sur lequel nous étions, à vingt-
cinq ou trente brasses loin de nous ; la prudence ne
nous permettait guère de rester longtemps en ce
lieu ; nous ne tardâmes pas à le quitter. »

Quelques jours après le volcan paraissait tranquille,
et l'île bien formée. Le capitaine Tillard s'y rendit
avec quelques autres personnes. Ils ne trouvèrent que
des rochers et des laves dont l'escarpement ne leur
permit pas de tenter une descente ; le sol était d'ailleurs brûlant. Ils se contentèrent de faire le tour de
l'île, qui avait un mille à peu près de circuit. Ce qui les

étonna le plus, ce fut de voir que le cratère, du côté qui regardait Saint-Michel, était presqu'au niveau de la mer. Il était plein d'eau; l'excédant de cette eau se déchargeait toute bouillante dans la mer par un canal. Cependant le but du capitaine n'était pas rempli : il aurait cru manquer à ses devoirs s'il n'avait fait la ridicule et inutile cérémonie de prise de possession. A force de chercher un lieu abordable, il parvint à le trouver et non sans beaucoup de peine et de danger; il parvint avec ses officiers au sommet d'un rocher qui dominait le cratère. Là, il planta un drapeau et il laissa une bouteille contenant l'histoire de la naissance de l'île et de son arrivée sur cette île, qu'il nomma *Sabrina*, du nom de son bâtiment.

L'île de Sabrina commença à décroître dès le mois d'octobre de la même année; peu de temps après, elle avait complètement disparu, ne laissant qu'un bas-fond à sa place. On lit dans les *transactions* de la société royale de Londres, qu'au mois de février de 1812, on a vu encore de la fumée sortir du sein des eaux, non loin de la place où fut l'île Sabrina.

La Source sonore.

Au pied d'une roche calcaire, non loin des bords de la rivière de Nidd, et dans le territoire du village d'Enasesborough en Angleterre, est une source célèbre qui, après avoir coulé sur une longueur de quarante pas, se répand sur le sommet d'un rocher, le pénètre, en ressort goutte à goutte par trente ou quarante fissures, et se réunit de nouveau dans un canal qu'on a creusé pour la recevoir. Chaque goutte, en

tombant, produit un tintement sonore très distinct,
dû probablement à la concavité du roc qui, s'élevant
en demi-voûte, depuis les pieds jusqu'au sommet,
porte sa tête en avant d'environ cinq mètres.

Ce rocher, qui a dix mètres environ de hauteur perpendiculaire sur quarante de large, se sépara, il y a
plus d'un siècle, du reste de la montagne, laissant une
crevasse d'à peu près deux mètres de large. Là, sont
nés des arbustes toujours verts et d'épais buissons,
ce qui donne à ces lieux un aspect très pittoresque.

L'eau est chargée de particules nitreuses, qu'elle
dépose sans cesse, bien qu'en petite quantité. Les
feuilles, les mousses et autres choses de ce genre qui,
par hasard ou autrement, restent exposées à l'action
de cette eau, ne tardent pas à se pétrifier; quelques-
unes de ces pétrifications, telles que des nids d'oiseaux
avec leurs œufs, sont recherchées par les amateurs.

Sources brûlantes de Wigan, Brosseley, etc.

Cette source, qu'on trouve à un mille de Wigan,
dans le comté de Lancastre, s'enflamme et brûle
comme si c'était de l'huile ; si l'on applique à la surface de l'eau une chandelle allumée, l'eau s'enflamme
et brûle ensuite sans interruption ; mais si l'on em-
plit un vase de cette même eau, à l'instant même où
elle brûle, la flamme s'éteint et l'on ne peut la rallumer, bien que l'eau bouille comme si elle était sur le
feu ; d'un autre côté, elle a si peu de chaleur, que
l'on peut y plonger et y retenir la main pendant
quelque temps.

Voici une chose plus extraordinaire. Si après avoir

mis le feu à une partie de l'eau, on empêche l'eau
non enflammée d'y arriver par une écluse ou de toute
autre manière : ensuite, et lorsque toute l'eau à laquelle le feu avait été mis s'est écoulée, si on approche du sol abandonné une chandelle allumée, le sol
s'enflamme et brûle d'une flamme très vive qui s'é-
lève à quinze ou dix-huit pouces de la surface.

Ce phénomène ne saurait être attribué qu'à la présence du gaz hydrogène ou air inflammable, et il est
à observer que tous les alentours de Wigan, dans un
rayon de plusieurs milles, recèlent du charbon de
terre.

Dans le côté de Shrop, à Brosseley, on découvrit,
vers le milieu de 1711, une source de même nature.
Les habitants entendirent au milieu de la nuit une
détonation terrible, comme si un orage violent avait
tout-à-coup éclaté. Plusieurs d'entre eux se levèrent
et allèrent jusqu'à une fondrière d'où le bruit paraissait venir, et qui n'est qu'à trois cents pas de la rivière de Savern ; là, ils virent la terre s'agiter, et ils
remarquèrent même sous l'herbe un peu d'eau qui
paraissait bouillir. Ils s'armèrent aussitôt d'une bê-
che, dans l'intention de creuser la terre en ce lieu ;
mais à peine eurent-ils effleuré le sol que l'eau sortit avec force. Comme c'était la nuit, ils travaillaient
à la lumière, et l'un d'eux ayant approché sa chandelle pour examiner ce qui restait à faire, ne fut pas
peu surpris de voir l'eau s'enflammer. Pour que cette
source ne se perdît point, on entoura plus tard la
place où elle était d'une balustrade de fer, surmontée
d'un couvercle au milieu duquel un trou fut ménagé.

Si on présente à l'orifice de ce trou une chandelle
ou papier allumé, le feu prend à l'instant, comme si
c'eût été de l'esprit de vin. Pour l'éteindre on n'a

qu'à ôter le couvercle : le contact subit ɐ l'air extérieur éteint la flamme.

Dans l'île de Saint-Michel, l'une des Açores, existent plusieurs sources chaudes, au fond d'une vallée
qu'entourent de hautes montagnes. La plus remarquable est celle qu'on nomme *Caldeira* (chaudière).
C'est un vaste bassin de dix mètres, sur une émi-
nence. L'eau y bout continuellement avec une force
incroyable.

Il y a, au milieu même de la rivière qui coule auprès de Caldeira, plusieurs endroits où l'on voit l'eau
bouillonner. Ce n'est pas une vaine illusion, et la
chaleur de l'eau, dans ces endroits, est telle qu'on ne
peut y plonger le doigt sans se brûler. Sur les berges
de la rivière sont aussi plusieurs ouvertures par lesquelles s'échappent constamment des vapeurs qu'on
pourrait nommer ardentes. En d'autres lieux ce sont
des exhalaisons sulfureuses si abondantes, que toutes
les plantes qui croissent aux environs sont couvertes
d'une croûte de soufre. Beaucoup d'habitants font
cuire leurs aliments à la chaleur de ces vapeurs.

Dans la Troade, dont la célèbre et malheureuse ville
de Troie fut la capitale, il y a, dit le docteur Clarke,
un grand nombre de sources chaudes. « La princi-
pale, qu'on nomme *Bonarbaschy* (tête des sources),
s'élance verticalement de terre, au milieu d'un réservoir de marbre et de granit et avec une abondance
extraordinaire. Elle paraît bouillir avec violence, et
durant la saison froide, les vapeurs qui en sortent se
condensent au-dessus du réservoir. Malgré la chaleur
de cette eau, on y voit beaucoup de poissons; on
trouve de ces sources chaudes depuis le mont Ida
jusqu'à l'Hellespont, dans toute la contrée qu'arrose
le Mender, l'ancien Scamandre. »

Le châtaignier de l'Etna.

Sur la fin du xviiie siècle, deux voyageurs visitant l'Etna, Brydone (1770) et Houel (1784), ont vu et décrit le châtaignier que les Siciliens appellent *des cent chevaux*. C'est le plus vieux peut-être, et très probablement le plus grand, le plus colossal de tous les arbres de l'Europe. Suivant les traditions locales, Jeanne, reine d'Aragon, avant de s'embarquer pour Naples, voulut voir de près le volcan, qui dans ce moment était en repos. Elle avait, dit-on, une escorte de cent cavaliers. Surprise, sur la montagne, par un orage qui versa la pluie à torrents, elle se réfugia sous l'arbre colossal, qui lui offrit un abri commode pour elle et pour toute sa suite ; c'est de là qu'est venu à cet arbre le nom de *castagno di cento cavalli*.

Brydone et Houel ont mesuré le tronc de l'arbre ; il a cinquante mètres cinquante centimètres environ de tour. L'un et l'autre combattent l'opinion de ceux qui pensent que ce tronc énorme s'est formé de la réunion de cinq arbres de la même espèce, lesquels ont fini par se toucher et s'unir. Ils ont recueilli sur les lieux des informations d'où il résulte que le tronc n'a jamais eu qu'une seule écorce continue, sans apparence de solution ; et aujourd'hui qu'une grande partie de l'écorce a été enlevée, on ne voit qu'une seule masse de bois, ce qui rend l'opinion de ces deux voyageurs très plausible. Brydone ajoute qu'un naturaliste sicilien lui assura très positivement que l'arbre n'a qu'une seule racine, ce qui doit faire penser qu'il n'y a aussi qu'un seul tronc. Houel déplore le sort qui attend ce magnifique châtaignier. Ce qui est plus à redouter pour lui, dit-il, que le ravage des années, c'est la hache et la cognée des paysans, qui vont y faire leur provision de bois pour l'hiver.

Au milieu du tronc est une large ouverture qui le traverse dans toute son épaisseur, ce qui n'empêche pas l'arbre de se couvrir chaque année de feuilles et de fruits. On a construit dans l'intérieur de cette ouverture une cabane spacieuse. Les paysans qui font faire la récolte des châtaignes du Grand-Châtaignier y passent la nuit.

Cet arbre est sur le sommet de l'Etna, à peu de distance du cratère. Les habitants du pays lui donnent un grand nombre de siècles. Il est plus âgé, selon eux, que les pyramides d'Egypte.

Le lion de Bastia.

Sous la citadelle de Bastia, au milieu de la mer, est un rocher calcaire, que les marins et les Corses eux-mêmes appellent le Lion, à cause de sa forme, qui est celle du lion couché sur ses pattes, comme nous le montre souvent la sculpture dans les anciens monuments. Ce rocher, qui paraît lié par sa base à ceux du rivage, gêne un peu l'entrée du port, mais il le défend contre les vents du sud. Quand la mer est tranquille, on dirait que l'animal que le rocher représente est assis mollement sur un banc de sable, où il n'y a d'eau que pour mouiller ses jambes. Le corps paraît se soutenir sur elles, et ne porter que très peu sur le ventre. Les deux jambes antérieures semblent jetées en avant pour soutenir le poids de la tête, qui se dresse fièrement comme pour braver le courroux des vagues ; celles du derrière sont figurées par une

saillie très prononcée du rocher ; quant à la queue,
on n'en voit que la naissance, tout le reste a l'air
d'être caché sous l'eau. Ce qui augmente beaucoup
l'illusion, c'est que le cou et les épaules sont chargées
de broussailles et d'herbes marines, imitant parfaitement la crinière. Le rocher, vu d'un peu loin, offre
l'image la plus parfaite d'un lion colossal. On ne peut
douter d'ailleurs, quand on considère de près le rocher, que la forme qu'il a ne lui ait été donnée par la
nature seule ; on n'y saurait reconnaître la plus légère
trace du travail de l'homme. L'art aurait sans doute
mieux gardé les proportions, plus adouci les contours
et la forme, mis plus d'accord entre les diverses parties ; mais il lui aurait infailliblement ôté cette espèce
de rudesse monumentale qui en fait le principal mérite.

La Guêpe Ichneumon.

On vante, et ce n'est pas sans raison, l'admirable
instinct de plusieurs animaux, tels que le castor, l'é-
léphant, le chien, le singe, etc. ; mais plus d'une fois,
jusque dans les insectes, on remarque des combinai-
sons d'idées qui semblent marcher vers un résultat
prévu.

Plusieurs voyageurs qui ont visité la Crimée, et
particulièrement Webster et le docteur Lee, ont vu
dans les moissons d'Odessa une espèce de mouche
qu'ils appellent *Guêpe Ichneumon*, et ils ont observé
avec soin les habitudes de cet insecte, et la guerre à
mort qu'il fait aux sauterelles. Quand la guêpe aperçoit une sauterelle, elle s'élance avec la rapidité de la
flèche, lui saute sur le dos, l'embrasse, l'étreint de

ses longues pattes de manière à l'empêcher de déployer ses ailes. La sauterelle a beau se débattre, la guêpe ne lâche pas prise, elle laisse au contraire la sauterelle s'épuiser en vains efforts, ensuite elle la saisit par le cou et lui enfonce le dard dont elle est armée entre le corps et la tête. La piqûre est mortelle, la sauterelle tombe sans vie, la guêpe reste pendant quelque temps attachée au cadavre, qu'ensuite elle traîne à une petite fosse qu'elle a creusée d'avance dans le sable. On ne sait si la guêpe emploie ce temps à sucer le sang de l'ennemi vaincu, ou si elle dépose ses œufs dans la plaie. Ce qui est certain, c'est qu'elle enterre soigneusement la sauterelle dans la fosse, qu'elle recouvre de terre, ensuite elle aplatit cette terre avec beaucoup de patience, en la foulant avec ses pattes. C'est dans cette fosse qu'éclosent plus tard les larves de la guêpe ; elles s'y nourrissent du corps de la sauterelle.

Phosphorescence de la Mer.

La phosphorescence de la mer est l'une des merveilles de la nature qui sont le plus faites pour étonner ; elle prouve combien il est facile à la Toute-Puissance de produire les plus grands effets avec les plus petites causes. Tantôt ce sont des gerbes de lumière qui jaillissent au milieu des eaux, tantôt des nappes immenses de feu qui se déroulent et s'étendent sur les vagues, ou bien des masses lumineuses qui se montrent sous les formes les plus variées. Ce phénomène est commun à toutes les mers, mais il se fait remarquer plus fréquemment et avec plus d'intensité sous les tropiques, lorsque la mer est agitée par les vents dans une nuit longue et obscure.

On a beaucoup discuté sur les causes de la phosphorescence ; on est généralement persuadé aujourd'hui qu'elle est principalement due aux qualités phosphoriques des innombrables insectes dont la nature a peuplé l'Océan. Ces insectes, connus sous le nom de mollusques et de zoophytes (animaux-plantes), se présentent sous la forme de fleurs, d'abrisseaux, d'étoiles, mais ils sont si déliés, si petits, qu'ils échappent à la simple vue. A cette cause générale de la phosphorescence, il faut ajouter la décomposition des corps marins, et la surabondance du fluide électrique mis en mouvement par les vagues.

Les mollusques des environs du Cap sont d'un blanc lustré, on les prendrait pour des paillettes d'argent ; ils répandent autour d'eux une vive lumière. On a puisé de l'eau de la mer dans un bocal de verre qui permettait de suivre les mouvements des mollusques ; on les a vus nager dans tous les sens, à plat ou sur le côté, toujours parés de couleurs brillantes, nuancées de rouge, de vert, de bleu, de jaune, apparentes même pendant le jour. Examinés la nuit à la lumière, ces mollusques paraissent d'un vert pâle relevé par quelques points lumineux.

***

Température intérieure de la Terre.

Plus on pénètre avant dans la terre, plus la température s'élève ; la chaleur augmente en raison de la profondeur où l'on arrive, et cela est vrai non-seulement pour les régions équinoxiales et tempérées, mais encore pour les contrées voisines du pôle. Des observations thermométriques, faites dans l'intérieur des mines et des carrières, sous diverses latitudes, il résulte que l'augmentation progressive de la chaleur dans l'intérieur du globe est d'un dégré centigrade par trente-deux mètres de profondeur. Si cette proportion se continue jusqu'au centre de la terre, la chaleur doit y être telle que cette partie doit se trouver en état complet de fusion ; et, par suite, elle se réduirait en vapeurs qui s'iraient perdre dans l'atmosphère, si ces vapeurs n'étaient contenues par la pression des couches supérieures, pression dont l'effet est incalculable.

La Fontaine intermittente de Paderborn.

Les fontaines intermittentes offrent un des plus singuliers phénomènes. On conçoit que dans les sources chaudes l'écoulement des eaux ne soit pas régulier, car il dépend du plus ou moins d'activité des causes productives de la chaleur ; mais il y a des fontaines périodiques sujettes à un flux et un reflux aussi réglés que les marées de l'Océan. Ces accidents surviennent plusieurs fois dans un jour, ou même dans une heure. On les attribue à diverses causes ; mais on croit assez généralement aujourd'hui que les sources intermittentes communiquent avec d'autres sources intérieures par des canaux de plusieurs dimensions. S'il en est ainsi, le flux et le reflux de la source supérieure dépendent nécessairement de l'état où se trouve la source inférieure.

La fontaine de Paderborn, dans la Westphalie, s'ar-

rète deux fois dans vingt-quatre heures, et recommence à couler après un intervalle de six heures. Le
retour des eaux s'annonce toujours par des bruits
souterrains, et elles arrivent avec tant d'abondance,
qu'à très peu de distance de la source elles font tourner trois moulins ; les habitants lui ont donné le nom
de *Bolderborn*, c'est-à-dire fontaine impétueuse.

Le lac de Bourget en Savoie, ou *fontaine de merveille*, a des flux et reflux qui, après le printemps, se
renouvellent jusqu'à six fois dans une heure ; mais
dans la saison sèche, la périodicité ne se manifeste
qu'une ou deux fois dans le même espace de temps.

Feux follets. — Feux Saint-Elme.

Ces feux légers et inoffensifs, que nous appelons
feux follets, que les marins nomment feux Saint-
Elme, et que les Anglais désignent par le nom popu-
laire de *Wil-With-a-Wisp*, ou *Jack-With-a-Lan-
thron* (1), sont considérés comme des exhalaisons ter-
restres, des gaz, des vapeurs émanées des corps animaux, végétaux ou minéraux, et combinées avec le
calorique, et très probablement l'électricité, qui n'est
qu'une modification du calorique.

Ces météores sont très communs dans les terrains
marécageux de Boulogne, on en voit presque tous les
soirs ; les uns répandent autant de clarté qu'une torche allumée, d'autres égalent à peine en grandeur la
flamme d'une bougie, mais ils répandent assez de lu-

---

(1) Ces mots signifient : Guillaume avec une torche de
paille, ou Jacques avec une lanterne.

mière pour éclairer les objets qui les entourent. Ils
sont toujours en mouvement, s'élevant, s'abaissant,
disparaissant, revenant, se montrant plus près ou plus
loin. D'ordinaire on les voit voltiger à cinq ou six
pieds du sol sous différentes formes. Quelquefois deux
ou trois se cherchent et se joignent ensemble, quelquefois au contraire un seul se divise en deux parties;
ils sont plus communs l'hiver que l'été, et plus lumi-
ᴖ ux quand le temps est humide. Ils paraissent se
plaire sur le bord des ruisseaux, des rivières, des
marais; on en voit aussi parfois sur les pays élevés,
mais ils sont beaucoup plus petits.

Un voyageur qui se rendait à Boulogne, découvrit,
en s'approchant d'une rivière, un feu très brillant
qui semblait suspendu à deux pieds au-dessus des
cailloux du rivage; ce feu était long d'un pied, large
de six pouces et parallèle à l'horizon. Il répandait
tant de clarté que le voyageur pouvait distinguer une
partie des bords de la rivière et l'eau elle-même. A
mesure qu'il s'en approchait, il le vit changer de couleur, et de rouge devenir jaune et puis blanchâtre;
quand il arriva sur les lieux le feu avait disparu. Le
voyageur continua son chemin; lorsqu'il fut un peu
loin, s'étant retourné, il vit de nouveau le feu, dont la
couleur et la clarté devenaient d'autant plus vives
qu'il s'éloignait davantage.

Dans le mois de décembre 1776, on remarqua sur
la route de Birmingham plusieurs de ces feux, un peu
avant le jour; on eût dit qu'ils se jouaient dans une
prairie voisine. Les uns s'élevaient comme des gerbes
de lumière, les autres ressemblaient à des fusées
chargées d'étoiles; les haies et les arbres qui bordent
la route paraissaient illuminés. Tous les feux dispa-

raissaient ensuite, mais ils ne tardaient pas à se montrer de nouveau.

Les feux Saint-Elme voltigent souvent autour des mâts des vaisseaux et ils n'endommagent ni les voiles ni les cordages ; quelquefois il arrive sur la terre qu'ils embrasent des matières légères, telles que la paille et l'herbe sèche. On assure qu'à la fin de décembre de 1693, au village de Hartech, dans le comté de Pembrock, en Angleterre, un météore de ce genre mit le feu à seize meules de foin et à deux granges remplies de blé et d'herbe. Ces feux venaient de la mer ; on les avait remarqués dans plusieurs occasions, et quand une fois ils avaient touché la terre ils se faisaient voir quinze ou vingt jours de suite. Il paraît même qu'ils tenaient en dissolution quelque substance malfaisante, car tous les bestiaux qui broutèrent l'herbe des prairies où on les avait vus, furent malades pendant quelque temps. Ce qui parut bien singulier, ce fut d'éprouver que ce feu capable d'enflammer la paille et le foin, ne l'était pas de brûler les hommes, car les paysans qui se portèrent au lieu de l'incendie pour sauver leurs denrées, touchèrent ces feux, les traversèrent, et ce fut toujours impunément.

Dans les pays chauds, on voit souvent des feux follets à la suite d'une journée orageuse ; c'est principalement dans les lieux un peu humides qu'ils apparaissent, quelquefois sur la tête des épis, souvent dans les cimetières ; ils ne s'élèvent guère au-dessus de trois ou quatre pieds. Leur flamme est bleuâtre, légère, incapable de brûler ; on en a vu s'attacher aux cheveux des personnes assises dans la campagne et ne faire sentir leur présence par aucun mal. Ils s'éloignent aussitôt qu'on se lève ; alors ils semblent fuir devant

celui qu'ils avaient assailli, ils glissent sous sa main ;
en revanche, si on recule ils s'avancent comme s'ils
vous poursuivaient. Dans quelques contrées on donne
à ces feux follets le nom de dragons. Ils étaient connus des anciens, qui les appelaient *ignes fatui*, mots
qui répondent à ceux de feux follets.

Hommes sauvages.

Abandonné à lui-même et privé du secours des
idées communiquées, l'homme différerait peu de la
bête. Quand les nègres parlent des grands singes qui
peuplent leurs forêts, ils disent que ce sont des hommes qui ont perdu la faculté de parler ; quelques individus de l'espèce humaine, qu'on a trouvés à diverses
époques, en divers lieux de l'Europe, paraissent avoir
très peu d'avantages sur les bêtes, et des nègres n'auraient pas manqué de ranger dans la même classe les
uns et les autres.

Pour expliquer l'existence de ces hommes sauvages,
si semblables aux bêtes fauves par les mœurs et les
habitudes, on s'est livré à des conjectures de plusieurs
sortes. Certains voyageurs qui ont parcouru nos régions polaires, prétendent qu'il arrive souvent que des
ours, entrant dans la cabane d'un paysan en l'absence
du maître, enlèvent des enfants au berceau, les trans-
portent à leur tanière, et les allaitent avec beaucoup de soins. Des faits de ce genre seraient vrais,
qu'ils ne seraient pas vraisemblables ; aussi faut-il se
garder d'y ajouter foi, tant qu'ils n'auront pas d'autres preuves que des assertions vagues de voyageurs,
qu'auront trompés peut-être des contes populaires. Il

suffit, pour accréditer les fables les plus absurdes, ((
trouver dans un homme l'amour du merveilleux, en:
sur un grand fond de crédulité ; on sait d'ailleurs qu '
le faible des voyageurs fut trop souvent de vouloi'
raconter des choses extraordinaires.

Il doit paraître fort douteux que des enfants en trc
bas âge, perdus dans les bois, aient pu éviter tous le.
dangers qu'ils devaient y trouver, et se procurer leur
subsistance, car, si par une faveur particulière de là
fortune, ils ne deviennent point la proie d'une bête,
féroce, comment pourront-ils pourvoir à leurs besoins, sans aucun secours étranger? Il faut suppose(:
que ces enfants, devenus dans la suite hommes sauvages, n'ont été exposés ou abandonnés dans les bois
qu'à un âge où, trop jeunes encore pour pouvoir en
sortir, ils étaient néanmoins capables de chercher les
moyens d'apaiser leur faim, soit en mangeant des racines, des baies, des fruits sauvages, soit en broutant
les brins tendres de l'herbe, comme font encore de
nos jours les paysans de la Thébaïde.

Lorsque par un heureux concours de circonstances,
ils seront parvenus sans fâcheux accidents à l'âge de
la puberté, ils auront pu disputer aux bêtes fauves
leur nourriture, défendre leur vie contre elles par
force ou par adresse, les attaquer même et en triompher ; mais entièrement privés d'idées sur toute
autre chose, sur toute autre manière d'exister, ils
n'auront pu ni songer à sortir de leur misérable situation, ni s'occuper d'autre chose que du soin de
leur conservation.

Ce qui a droit de surprendre, c'est que le savant
Linnée ait pu adopter l'opinion de Stry, qui soutient
qu'en Russie et en Lithuanie les ours enlèvent des enfants et les élèvent auprès d'eux. Comment ne pas

voir dans ce fait une fable grossière qui ne mérite pas une réfutation sérieuse? Ce qu'on ne peut nier, c'est qu'on a trouvé réellement en plusieurs lieux des hommes entièrement sauvages, grimpant sur les arbres, n'ayant pour langage que des sons inarticulés, presque destitués d'intelligence et tout-à-fait dépourvus d'idées morales et religieuses.

Il est probable que c'est de la connaissance imparfaite de quelque fait de ce genre, que sont sortis tous ces contes d'hommes à une jambe, d'hommes marins, de syrènes, de nègres à pied d'écrevisse. On a trouvé, il est vrai, dans les bois de Paramaribo, un village tout peuplé de nègres marrons ou fugitifs, qui presque tous avaient les doigts des pieds écrasés. Mais c'était par les cylindres des sucreries, ou même d'après l'ordre du maître que ces malheureux avaient été ainsi mutilés.

Jacques Cartier, à qui l'on doit la découverte d'une partie de l'Amérique septentrionale, a vu, à ce qu'il dit, des hommes qui marchaient à quatre pattes, et d'autres qui ne mangeaient point et ne faisaient que boire. Les moines que le pape Innocent IV envoya vers le milieu du xiiie siècle (1246) au grand Khan de Tartarie pour le sommer de se faire baptiser, dirent à leur retour qu'ils avaient vu des hommes à une jambe, lesquels néanmoins marchaient et couraient même très légèrement en s'unissant deux à deux. Cette fable des hommes monopodes est très ancienne : saint Augustin affirme que de son temps il y avait des hommes de cette espèce en Afrique ; ce qui n'est pas plus extraordinaire que ce que le même écrivain raconte des cyclopes ou hommes à un seul œil, qu'il a vus, dit-il, en Éthiopie, et surtout des hommes sans tête qui existent dans le même pays.

Ces assertions étranges se trouvent dans le 37e sermon de ce Père ; un commentateur, nommé Luper,
prétend, il est vrai, que ce sermon n'est pas de lui ;
mais un étudiant allemand, le professeur Baumgester,
auteur d'une histoire d'Amérique, soutient très sé-
rieusement qu'il existe en Amérique des peuplades
d'hommes acéphales ou sans tête ; ce qui rend très
croyable l'existence des acéphales du docte père.

Linnée a donné une liste assez exacte des sauvages
de l'un et de l'autre sexes qu'on a trouvés en Europe ; le premier qu'il nomme fut rencontré dans la
Hesse, en 1544 ; le second, élève des ours de la
Lithuanie, parut en 1661 ; le troisième se fit voir à
Amsterdam, en 1647, il était âgé d'environ seize ans,
et on l'avait pris dans des fondrières pleines de ron-
ces, où il s'était précipité pour éviter les chasseurs.
Sa voix imitait parfaitement le bêlement des moutons.
Sa langue semblait attachée au palais ; il ne mangeait
que l'herbe, ne buvait que de l'eau et du lait. Il avait
le teint hâlé, le front aplati, la tête pointue, la poitrine déprimée, le ventre enfoncé, ce qui provenait
de son habitude de marcher à quatre pattes. Sa santé
d'ailleurs était bonne, mais on l'eût pris pour une
bête sauvage plutôt que pour un homme

En 1722, on trouva dans les forêts du Hanôvre un
enfant qui, ainsi que le précédent, marchait sur les
mains et les pieds.

En 1731, une jeune fille, nu-pieds, couverte de
lambeaux de peau, les cheveux noués et ramassés
sous une moitié de calebasse, le teint et les mains
d'une négresse, parut tout-à-coup, vers le soir, au
milieu du village de Songi, voisin de la forêt de même
nom, aux environs de Châlons. Elle semblait n'avoir
que treize ou quatorze ans. Les paysans, soit pour la

surprendre, soit avec de pires intentions, lâchèrent contre elle un gros dogue qu'elle assomma sans beau‹ coup de peine avec un bâton qu'elle tenait dans ses mains ; après quoi, elle grimpa au sommet d'un arbre très élevé, avec une étonnante agilité.

Le lendemain on la conduisit au château de Songi, on lui fit prendre des bains et elle devint assez blan‐ che. La seule particularité qu'on remarqua d'ailleurs en elle, ce fut la grosseur des pouces de ses mains. Cette fille, que plus tard on a connu sous le nom de mademoiselle Leblanc, affirma qu'elle avait vécu très longtemps dans les forêts de Songi avec une autre fille sauvage qu'on ne put jamais découvrir. On pré‐ suma qu'elle était morte à la suite d'une blessure qu'elle avait reçue à la tête, en se battant avec sa compagne pour la possession d'un chapelet de verre qu'elles avaient trouvé.

Le sauvage d'Hanôvre avait tellement pris l'habi‐ tude de marcher à quatre pattes qu'il ne pouvait plus se tenir sur ses pieds. Quant à son intelligence, elle n'était guère au-dessus de celle des quadrupèdes. Il était plus rusé pourtant que les loups, car s'il rencon‐ trait quelque piége tendu à ces animaux par les chasseurs, il enlevait très adroitement l'appât en se garantissant du jeu du ressort, ce que les loups ne savaient point faire.

Réservoir naturel d'Alicante.

La ville d'Alicante, située sur le bord de la mer, dans une contrée abondante et fertile, fut de tout temps célèbre par ses vins excellents ; mais la nature semblait d'abord l'avoir condamnée à la stérilité, en lui refusant l'eau si nécessaire à la végétation. Bientôt pourtant on s'aperçut qu'il existait à cinq ou six lieues de la ville un vaste réservoir, où il serait aisé de réunir une immense quantité d'eau qui, distribuée ensuite avec intelligence, pourrait suffire à tous les besoins de l'agriculture.

Dans les montagnes qui s'élèvent au nord-ouest d'Alicante, naissent plusieurs sources qui, venant à s'unir, forment un petit ruisseau que les pluies de l'hiver enflent, mais que les chaleurs de l'été ne font jamais tarir. Ce ruisseau coule sur un espace d'environ quatre lieues, entre deux rangs de rochers élevés comme dans un canal dont le fond très étroit lui sert de lit. A cinq lieues d'Alicante, les deux chaînes se séparent, s'éloignent l'une de l'autre, décrivent de chaque côté un demi-cercle allongé, et se rapprochent ensuite de telle sorte qu'il reste à peine entre eux la place nécessaire pour le passage de l'eau. Ce passage se trouve même obstrué par des blocs de roche qui forçaient l'eau à monter à une assez grande hauteur pour pouvoir s'écouler. On ne fit qu'augmenter en élévation cette espèce de digue dont la nature elle-même avait posé les fondements, et l'on obtint ainsi un réservoir d'une vaste étendue et d'une solidité à l'épreuve du temps. Non-seulement les eaux du ruisseau continuent de s'y rendre, mais encore on y a dirigé l'écoulement des eaux pluviales. On a placé au bas de la digue, qu'on a percée d'un trou circulaire, un robinet énorme qu'on ferme ou qu'on ouvre à volonté, afin qu'il n'y ait jamais d'eaux perdues.

La cascade d'Hood.

La rivière d'Hood, dans l'Amérique septentrionale, coulant directement au nord, va porter le tribut de ses eaux à ces mers inconnues, à travers lesquelles on s'obstine à chercher un passage que les glaces rendraient toujours impraticable si l'on parvenait à le trouver. Vers le 112e degré de longitude ouest de Paris, et le 67e de latitude, elle éprouve une double chute qui offre l'un des plus beaux spectacles qu'on puisse voir dans ces régions glacées où la nature, dédaignant sa parure ordinaire de fleurs, de verdure, de végétation, semble vouloir régner sur des ruines, au milieu des débris d'un monde qui n'est plus.

Après avoir coulé sur un sol inégal, la rivière arrive à une masse de rochers du haut desquels elle tombe de vingt mètres de hauteur perpendiculaire ; toute chargée d'écume, elle bondit, elle tourbillonne, elle se brise contre les rochers qui l'enferment comme en un bassin. Mais bientôt, trouvant une issue, elle s'y précipite : c'est un abîme. Cette seconde chute est plus haute du double que la première ; déjà écumeuse, agitée, l'eau en tombant se divise en pluie, se résout en vapeur.

Ce qui rend cette nouvelle chute plus pittoresque encore que la première, c'est de voir s'élancer du milieu des eaux sur le bord même du précipice, un rocher nu en forme d'aiguille ou d'obélisque, haut de quatorze mètres, ce qui force l'eau à se diviser en deux grandes nappes ; mais on ne se lasse pas d'admirer ce rocher, qui, depuis tant de siècles, solide, fort, inébranlable, brave toute la violence des flots qui le heurtent, le frappent à coups redoublés.

Le chien de Terre-Neuve.

Personne n'ignore que le chien est l'ami de l'homme, ami fidèle, constant, dévoué, que rien ne rebute, qu'aucun danger n'intimide, qu'on voit heureux des services qu'il rend ; on sait aussi que doué par la nature d'un instinct prodigieux, il surpasse en intelligence la plupart des animaux ; mais c'est surtout du chien de Terre-Neuve que cela doit se dire. Cet animal est rempli de tant de bonnes qualités, et ces qualités lui sont si naturelles, que l'homme à coup sûr ne peut pas avoir un compagnon plus sûr que le chien de Terre-Neuve.

Un jeune marin anglais avait un beau chien de cette espèce. Il s'amusait un jour à nager sur le rivage auprès duquel son navire était à l'ancre. Son chien nageait auprès de lui. L'Anglais lui mettant les deux mains sur la tête, et lui donnant une assez forte impulsion de haut en bas, le força de plonger ; l'animal reparut au bout de peu d'instants et revint auprès de son maître, qui recommença ; le jeu plaisait au chien, mais à la fin il s'avisa de faire subir à son maître le même genre d'immersion, et s'approchant doucement de lui, il l'oblige à plonger à son tour. L'Anglais, qui n'était pas aussi bon nageur que son chien, resta sous l'eau assez longtemps, et le chien ayant recommencé, le jeune homme ne reparut pas. Au bout de quelques instants, l'animal ne le voit pas revenir, jette des cris douloureux ; il plonge, ne trouve rien, plonge encore, revient, redouble ses hurlements plaintifs, comme pour demander du secours. Un canot part alors du navire ; le chien a plongé pour la troisième fois. Il reste longtemps sous l'eau, mais enfin

on le voit reparaître ramenant à la surface de l'eau
son maître évanoui, lui soulevant la tête en nageant
par-dessous ; le canot arriva fort heureusement pour
le maître, qui ne tarda pas à reprendre ses sens, et
pour le serviteur que tant d'efforts avaient épui-é.

Un paquebot de Sunderland avait échoué sur la
côte du comté de Norfolk. Les flots battaient avec violence le flanc du navire, et menaçaient à chaque
instant de s'entr'ouvrir ; l'équipage n'avait presque
plus aucun espoir de salut ; les meilleurs nageurs n'o-
saient plus se hasarder à franchir l'intervalle qui séparait le paquebot du rivage. Il s'agissait pourtant,
pour sauver les matelots, de porter à terre un cordage
au moyen duquel les personnes qui étaient à terre ti-
reraient à eux une forte ancre. Il y avait par bonheur
à bord un chien de Terre-Neuve. On lui mit dans la
gueule le bout du cordon, on lui montra la terre, et
l'intelligent animal, comprenant le service qu'on attendait de lui, s'élança courageusement au milieu des
lames. Il avait fait à peu près les trois quarts du chemin, luttant avec autant d'adresse que de constance
contre la furie des vagues ; mais à la fin, on vit très
bien du rivage que ses forces commençaient à l'aban-
donner ; il tenait toutefois le bout du cordon qu'il
n'avait point lâché, et qu'il n'aurait lâché probablement qu'en perdant la vie. Alors deux marins qui se
trouvaient sur le rivage et qui admiraient comme
tout le monde la persévérance et le dévouement de
cet animal, se jetèrent à l'eau, et après beaucoup d'efforts ils parvinrent jusqu'à lui. Ils prirent d'abord la
corde, ce qui, le soulageant, lui donna plus de facilité
à nager, ils le placèrent ensuite au milieu d'eux, l'ai-
dèrent ainsi à gagner le rivage, qu'ils atteignirent
eux-mêmes heureusement. Ce fut aux efforts de ce

généreux animal que l'équipage du paquebot dut la
vie, car les deux marins confessèrent qu'il leur eût
été tout-à-fait impossible d'aller jusqu'au paquebot.

Vie des Arbres.

Les grands arbres ont été doués par la nature d'une
longue vie ; on dirait qu'ils sont pour elle des objets
de prédilection. En général, leur longévité est en raison du temps dont ils ont besoin pour prendre ou recevoir leur accroissement, et l'accroissement lui-même
est plus ou moins rapide, suivant que le bois en est
plus ou moins tendre et léger. Ainsi le peuplier, le
saule, le sapin, etc., croissent vite ; le chêne, l'orme,
le teck, le cèdre, ne se développent que lentement.

On peut aisément reconnaître l'âge d'un arbre
lorsque le tronc, coupé horizontalement, laisse apercevoir les cercles concentriques dont il est formé,
car l'expérience a démontré que l'accroissement ayant
lieu de l'intérieur à l'extérieur, la couche extérieure
s'étend chaque année en surface, pour faire place à la
couche intérieure qui se forme ; en d'autres termes,
l'arbre reçoit tous les ans une nouvelle couche de
bois, de sorte qu'en comptant avec soin le nombre de
ces couches ou zones circulaires, on peut avoir celui
des années.

La vie moyenne d'un chêne, dans nos contrées, est
de cinq à six cents ans ; celle de l'olivier n'est que de
la moitié de ce temps ; les arbres à bois tendre vivent
beaucoup moins. Cette vie des grands arbres est bien
plus longue en Afrique, en Asie, en Amérique. Le
naturaliste Adanson affirme avoir vu, aux îles du
Cap-Vert, des *baobabs* qui avaient trente mètres en-

viron de circonférence, et dont l'âge, d'après ses diverses observations, a été calculé par lui à près de six mille ans. Le savant Cuvier n'a pas jugé que cela fût impossible, et il a pensé que ces arbres étaient à peu près contemporains des premiers hommes.

Le *chêne des partisans*, dans la forêt du Bulgnéville, département des Vosges, et qui, dit-on, n'est ainsi appelé que parce qu'il prêta plus d'une fois son ombrage aux bandes armées qui dévastaient la province au temps de Philippe-Auguste, a, d'après les traditions, six cent cinquante ans d'existence. Cet arbre a onze mètres de circonférence au-dessus du collet, et vingt-six à la naissance des branches ; sa hauteur est d'environ trente-trois mètres.

Un châtaignier de la commune de Préveranges, dans le département du Cher, fut planté, il y a près de trois cents ans, pendant que Calvin prêchait la réforme à Lignières, quelque temps avant la Saint-Barthélemi.

Un sapin, que les naturels désignent sous le nom l' *l'écurie des Chamois*, parce que ces animaux s'y abritent pendant l'hiver, et qui s'élève sur une des cales méridionales du Mont-Blanc, a, suivant l. Berthelot, douze cents ans d'existence.

Les eaux minérales de Santa-Cruz, et les canards du lac.

Non loin de la petite ville de Santa-Cruz, située sur les bords du lac de la Llagana, dans l'île de Luçon, s'élève une montagne que les volcans voisins ont couverte de laves. En plusieurs parties, la roche déchirée par les convulsions du sol, offre des pyramides, des colonnes, des obélisques, dont la tête s'est cou-

ronnée d'arbres dont l'âge est inconnu. Derrière
cette montagne, sont d'autres montagnes plus hautes, couvertes de forêts et découpées par des ravines
profondes, séjour inhospitalier des buffles et des
igolotes qu'on croit issus des habitants primitifs de
l'archipel des Philippines. Du milieu de ces pyramides, de ces colonnes de roche qui occupent le premier plan, jaillit une source d'eaux minérales sulfureuses dont les naturels vantent l'efficacité pour toute
sorte de maladies, et qu'au fond on emploie dans le
traitement des affections cutanées. Ces eaux ont en
toute saison la température de l'eau bouillante; on a
bâti auprès de la source un village dont les habitants
n'ont pour toute industrie que les services qu'ils rendent aux baigneurs, soit en les logeant, soit en leur
fournissant les objets nécessaires. Depuis quelques
années ces bains sont assez peu fréquentés, ils atti-
raient autrefois toute la population aisée de Manille.
A un mille environ du village, on voit un petit lac,
d'un quart de lieue de tour, dont l'eau verdâtre nour-
rit des caïmans d'une grandeur prodigieuse. Un
voyageur moderne prétend en avoir vu dont la longueur excédait dix-sept mètres.

Mais ce qui frappe le plus les yeux d'un étranger,
lorsqu'il parcourt les environs des bains et les bords
de la Llagana, c'est l'immense quantité de canards
qui couvrent entièrement les eaux du lac. Sa surprise
augmente lorsqu'il apprend que la multiplication prodigieuse de ces volatiles est due à l'industrie des
Tagales qui, n'ayant pas de fours à poulets comme les
Egyptiens, couvent eux-mêmes les œufs jusqu'à ce
qu'ils les fassent éclore par cet étrange moyen. Pour
y parvenir, ils placent les œufs droits et serrés l'un
contre l'autre sur une planche ou sur une claie à re-

bords; on met sous les œufs des couvertures, et on remplit de cendre les intervalles qui les séparent ; on recouvre le tout d'une pièce d'étoffe de laine. Le couveur s'étend ensuite sur ce lit d'un genre nouveau, qu'il ne quitte qu'après que tous ses œufs sont éclos. Comme ces couveurs de profession ont beaucoup d'adresse et d'expérience, non-seulement il est très rare qu'ils cassent des œufs, mais encore ils savent très bien reconnaître quand l'animal est formé, et dans ce cas ils l'aident à sortir de sa prison en brisant sa coque. Aussitôt qu'ils sont nés, les canards courent d'eux-mêmes à l'étang, où ils passent le jour à barbotter dans la vase ; quand le soir arrive, on les fait entrer dans de grandes cages placées au bord de l'eau ; au bout de peu de jours chaque couvée sait très bien reconnaître la cage qui lui est destinée.

Le platane de Cos.

La ville moderne de Stancho, dans l'île du même nom, s'élève sur l'emplacement de l'ancienne Cos, patrie d'Hippocrate et d'Apelle, au milieu d'une riante plaine où la nature déploie toutes ses richesses. Une végétation vigoureuse y donne à toutes les plantes des proportions colossales. On admire surtout le magnifique platane qui, de ses vastes rameaux, couvre et ombrage tout le bazar. Le tronc de cet arbre a près de quatre mètres de diamètre ; chacune de ses branches a l'épaisseur des vieux chênes de nos forêts.

Une de ces branches s'avançait horizontalement vers la citadelle. Les Turcs imaginant que si l'île était attaquée, cette branche pourrait fournir aux assail-

4

lants un moyen d'escalade, prirent, il y a quelques années, le parti de l'abattre. La crainte que d'autres branches ne cédassent sous leur propre poids, suggéra l'idée de placer par-dessous, afin de les soutenir, des colonnes antiques de marbre et de granit. L'événement a montré que la nature savait proportionner la force des branches au poids qu'elles devaient supporter. L'écorce a saisi la tête des colonnes et l'a si étroitement embrassée, que les colonnes, déplacées et soulevées, sont restées suspendues au-dessus du sol.

Les eaux d'une source voisine, dirigées vers le pied de l'arbre, lui fournissent constamment la fraîcheur et l'humidité qui lui sont nécessaires.

Le noyer de Bubion.

La vallée de Pitres, dans les Alpuxarres, est d'une fertilité peu ordinaire. Les arbres fruitiers de toute espèce y acquièrent une grosseur prodigieuse. On cite un noyer du village de Bubion, situé au fond de la vallée, dans le tronc duquel une pauvre veuve et ses enfants ont habité pendant plusieurs années.

A peu de distance de ce village, coule un petit ruisseau dont les eaux limpides sont légèrement colorées. On prétend que si l'on y met tremper du fil ou de la soie, ces matières se teignent en peu de temps d'un noir très beau et très solide. Près de la source de ce ruisseau on remarque un trou assez profond, duquel s'exhalent sans cesse des vapeurs sulfureuses, mortelles pour tous les animaux qui en sont saisis.

Les vents souterrains d'Olot.

Non loin du village espagnol d'Olot, situé au milieu des Pyrénées, on voit un rocher dont les flancs dépouillés offrent plusieurs fentes. Par ces fentes s'échappe, en tout temps, un courant d'air assez fort pour agiter au loin les branches et les feuilles des arbres. Les habitants d'Olot prétendent que ce vent est très chaud l'hiver, et très froid l'été ; aussi s'empressent-ils d'y mettre rafraîchir leur eau et leur vin, dans cette dernière saison. Il faut convenir que les habitants semblent avoir raison, car le vent de la montagne paraît froid ou chaud, en raison inverse de la saison. Mais il en est de ce vent comme de la température des caves et des lieux souterrains ; la température ne varie pas, elle est toujours égale, à quelque différence près, extrêmement légère ; on la juge basse ou élevée par comparaison avec celle de l'air extérieur. Il est évident qu'en été, plongés dans une atmosphère de vingt ou vingt-quatre degrés, nous devons trouver très froide la température des caves, de neuf degrés ou neuf degrés et demi ; que durant l'hiver, au contraire, cette même température nous paraîtra très élevée, si nous y entrons en sortant du milieu des frimas, de la neige ou des glaces.

La grotte d'Homère.

En allant de Scio à Lesbos, on aperçoit sur la côte de l'Asie mineure, à une lieue de Burnabad, qu'on croit bâti sur l'emplacement de l'ancienne Smyrne, des rochers élevés perpendiculairement et percés de plusieurs excavations. C'est dans une de ces excava-

tions que, s'il faut s'en rapporter aux traditions locales, le chantre d'Achille se retirait pour se livrer à
la composition de ses immortels ouvrages. Mais si,
comme le prétendent des critiques modernes, Homère
n'a point existé, on peut croire que ces grottes servi-
rent quelquefois de retraite aux rapsodes, de qui les
vers furent recueillis, rassemblés et publiés dans la
suite, sous le nom collectif d'Homère.

Ce qui donne quelque autorité aux traditions asia-
tiques, c'est qu'on montre encore, sur le rocher où se
trouve la grotte, les ruines d'un monument funéraire
qui renfermait, dit-on, les cendres du poète ; et l'on a
vu longtemps à Rome, dans le palais Colonna, un bas-
relief représentant l'apothéose d'Homère ; le groupe
des figures y est placé sur une montagne, et cette
montagne où la grotte n'a pas été oubliée, ressemble
parfaitement aux rochers homériques de Burnabad.
Ce bas-relief a été transporté en Angleterre et dé-
posé au musée britannique.

Les pierres de Prométhée.

Les habitants de Panope, dit Pausanias dans sa
description de la Phocide, font voir aux étrangers,
avec une sorte de respect religieux, des blocs de
pierres qui se trouvent au fond d'un chemin creux.
Chacune de ces pierres est assez pesante pour faire la
charge d'un char ordinaire. Elles ressemblent par la
couleur à l'argile mêlée de sable, telle qu'on la voit
dans le lit des ruisseaux. Suivant les habitants, ces
pierres fournirent à Prométhée la matière dont il

forma des hommes qu'il anima ensuite avec le feu du ciel qu'il avait dérobé.

Il est très probable que ce qui a donné lieu à ce conte mythologique, c'est qu'il s'exhale de ces pierres une odeur tout-à-fait semblable à celle qui sort du corps d'un homme échauffé par la fatigue ou mouillé de sueur. Le chemin creux dont parle Pausanias, est celui qui conduit de Delphes à Lébadie; les blocs de pierres y sont encore; on peut les voir non loin des restes d'un monument érigé, dit-on, en l'honneur de Laïus, sur la place même où il périt de la main de son fils Œdipe, qui ne le reconnut point.

Le pic et le pont d'Adam.

Le pic d'Adam est la plus haute montagne de l'île de Céylan. Les habitants musulmans de cette île l'appel'ent Malay; suivant les traditions, Adam, chassé du paradis terrestre, vint séjourner sur cette montagne, et il s'y tint debout sur un pied jusqu'à ce qu'il eût obtenu de Dieu le pardon de sa désobéissance. La trace de son pied resta, comme on peut le croire, empreinte sur le rocher; on l'y voit encore; mais, d'après les Chingulais idolâtres, et c'est le plus grand nombre, cette empreinte est celle du pied du Bouddha.

M. Davy, savant naturaliste anglais, est le premier européen qui soit monté sur le pic d'Adam, et qui ait franchi heureusement les obstacles qu'opposaient aux ascensions de ce genre les préjugés religieux des Bouddhistes et des Brahmines. Après avoir fait une partie du chemin en palanquin ou en litière, et avoir traversé la riante vallée de Ghillemalé, renommée pour ses beaux palmiers et ses arbres à fruit, moins encore que par l'innombrable quantité de sangsues qui pullulent sur le sol, il arriva au Wiharé ou hospice de Palabatoula, situé à la base du pic. Là, M. Davy commença de gravir la montagne à travers d'épaisses forêts que jamais le soleil ne pénétra de ses rayons. Il rencontra sur sa route un nombre infini de pèlerins qui allaient dévotieusement contempler l'empreinte sacrée ; d'autres en revenaient; quelques-uns assis au bord d'un ruisseau prenaient un repas frugal ou se désaltéraient dans l'onde sainte.

Au bout de trois quarts d'heure de marche par un sentier pénible mais pittoresque, M. Davy parvint à une masse de rochers presque perpendiculaires, qu'on escalade par des degrés taillés dans la roche même ; il en compta cent soixante-quatre : cet escalier sauvage conduit à une petite plate-forme au-dessus de laquelle s'élève la masse conique du pic. C'est ici, dit M. Davy, que le chemin devient dangereux, moins à cause des difficultés réelles qu'il offre, que parce que ce pic nu et dépouillé laisse apercevoir de tous côtés un abîme où le moindre faux pas peut vous entraîner. Aussi arrive-t-il assez fréquemment que des pèlerins, saisis de vertige et perdant l'équilibre, roulent fracassés au fond du précipice ; mais on a diminué le danger par le moyen de plusieurs chaînes de fer fortement scellées dans le roc. Ces chaînes, où les pèlerins se cramponnent, les aident à monter ou à descendre.

Du haut du pic, continue M. Davy, la vue s'étend sans obstacle sur l'île entière. Lorsqu'il eut joui pendant quelque temps du tableau magnifique qui se dé-

roulait sous ses yeux, il s'approcha de l'enceinte sacrée, fermée par un petit mur de pierre. Au milieu de
cette enceinte, et sous une espèce de dais ou de toit
soutenu par quatre colonnes, et attaché au rocher par
quatre chaînes de fer, est le Sri-Pada, ou empreinte
du pied de Bouddha. C'est un creux de cinq pieds
trois pouces de long sur deux pieds sept pouces de
large ; ce creux ressemble assez par la forme à l'empreinte d'un pied humain, sauf les dimensions, mais
il est probable qu'il n'existe que par l'effet de quelque
fraude pieuse. Quoi qu'il en soit, le tour de l'empreinte est garni d'un rebord de cuivre où sont in-
crustées des pierres précieuses, le dessous du toit est
orné d'étoffes de couleur. Près du Sri-Pada, on a
construit une maisonnette pour le prêtre chargé de la
garde de ces lieux. M. Davy ne donne au pic que mille
toises d'élévation au-dessus du niveau de la mer.

Quant à ce qu'on appelle le pont d'Adam, ce n'est
qu'une suite non interrompue de bas-fonds qui s'é-
tendent depuis l'extrémité septentrionale de l'île jusqu'au continent, sur une ligne d'environ douze
lieues. C'est une espèce de chaussée presque partout
à fleur d'eau, que les plus petits bâtiments ne peuvent
franchir. Il est à présumer que ce ne sont là que des
terres qui liaient jadis l'île à la terre ferme, et que
l'Océan aura submergées à la suite d'une explosion
volcanique, ou de quelque catastrophe du même
genre. On assure que les Anglais vont s'occuper des
moyens de rendre ce bras de mer à la navigation, en
perçant d'un canal cette chaussée.

Le Buffle sauvage des Philippines.

Les Philippines, et l'île de Luçon en particulier, abondent en buffles sauvages; ces animaux se plaisent dans les plaines marécageuses coupées de taillis, qu'on rencontre à une assez courte distance de Manille. Doux, obéissant, docile dans l'état de domesticité, le buffle est sauvage, féroce même lorsqu'il est libre. On dirait qu'il est ennemi déclaré de l'homme, car l'aspect de l'homme le met toujours en fureur; il ne fuit pas devant lui; il marche à sa rencontre, l'œil étincelant, la bouche écumante, soufflant par ses naseaux une brûlante fumée, menaçant de ses cornes l'imprudent qui ose l'exciter ou l'attendre, faisant retentir l'air d'affreux mugissements. Si un chasseur le tire et le manque, il fond sur lui comme la foudre : il devance à la course le meilleur cheval. Si le chasseur ne fait que le blesser, il paye souvent de sa propre vie sa maladresse, l'animal s'attache à sa poursuite avec une constance que rien ne lasse. S'il parvient à l'atteindre, il le frappe à coups redoublés, il le foule aux pieds, il le contemple mort comme.pour jouir de sa vengeance. Quelquefois le chasseur est assez heureux pour grimper sur un arbre. Le buffle se dresse contre le trone, il bat le sol de ses pieds, il tient l'œil fixé sur son ennemi, il passe sous l'arbre le jour, la nuit, le lendemain; il ne s'éloigne que lorsqu'il ne peut plus lui-même supporter la soif et la faim.

Le voyageur Laplace raconte qu'un bûcheron tagale, surpris par un buffle, n'eut que le temps de monter sur un arbre, dont l'animal fit aussitôt le siége; le bûcheron, qui connaissait les habitudes

des buffles, prit courageusement le parti de comb. - tre le monstre corps à corps ; saisissant le moment, il saute en bas de l'arbre, esquive les cornes qui le menacent, s'attache de la main droite à la queue du buffle, lui porte de la gauche mille coups de couteau dans le flanc, se laisse emporter à travers la campagne sans jamais quitter prise, jusqu'à ce que l'animal tombe mort.

Mouches lumineuses.

Les Siamois ont dix mois d'été et deux mois d'hiver, et cet hiver équivaut à un été d'Europe il n'est pas étonnant que les insectes pullulent dans leur pays ; favorisés par l'extrême douceur du climat, ces animalcules s'y propagent et s'y multiplient à l'infini. Mais tous ne sont pas incommodes ou dangereux ; il en est dans le nombre qui plaisent aux yeux par la richesse et l'éclat de leur couleur, il en est qu'on admire pour les propriétés merveilleuses qu'ils tiennent de la nature. On distingue surtout les mouches phosphoriques, dont les innombrables essaims surchargent les branches des arbres qui croissent sur les bords du Meïnan. Aussitôt que la nuit arrive, ces mouches répandent une vive lumière ; on dirait la plus brillante illumination. Ce qui surprend davantage, c'est de voir ces insectes augmenter retenir ou diminuer à leur gré, leur phosphorescence. La lumière qu'ils produisent efface les plus clairs rayons de la lune ; c'est un second jour qui commence. Les caïmans, redoutables habitants du fleuve, se montrent sur le rivage ; les oiseaux saluent de leurs chants cette première au-

rore ; mais, dupes de ces lueurs fantastiques, ils voltigent de branche en branche, soudain les insectes
éteignent leur lumière, et ils rendent à la nuit ses
ténèbres.

Les grottes de Gibraltar et d'Algeziras.

Vers la moitié de la hauteur du rocher perpendiculaire sur lequel s'élève Gibraltar, on voit une ouverture étroite, et d'un accès très difficile avant que les
Anglais eussent construit pour y arriver une rampe
sûre et commode. C'est l'entrée d'une vaste caverne
qui se compose d'une infinité de salles et de galeries,
les unes de plain-pied, les autres superposées et formant deux ou trois étages. Ces grottes sont remplies
de pétrifications qui affectent toutes les formes. Les
voûtes, qui s'élèvent à mesure qu'on s'avance dans
l'intérieur de la montagne, semblent s'appuyer sur
d'énormes piliers qu'on prendrait aisément au premier coup d'œil pour des ouvrages sortis de la main
d'un habile sculpteur. Les murs et la voûte elle-même
sont revêtus de pétrifications dans lesquelles on croit
reconnaître plusieurs espèces d'animaux. Toutes ces
grottes, toutes ces galeries servent aujourd'hui de
magasins ; les pièces inférieures renferment un grand
nombre de batteries, pour le jeu desquelles on a profité des fentes du rocher autant que cela était possible. La plus grande pièce porte le nom de galerie de
Saint-Georges. Il y a peu d'années que le gouverneur
actuel voulant célébrer l'anniversaire du roi d'Angleterre (c'était alors Georges IV), donna dans cette salle
un bal superbe On assure qu'au-delà de cette salle

il y a des galeries qui conduisent à d'autres pièces, d'où, ajoute-t-on, tous les curieux qui les ont visitées ne sont point revenus. Du côté de la pointe d'Europe il existe un grand réservoir d'eau, dont la couverture est supportée par quatre rangs de piliers. On croit que ce lieu servait aux Maures de bains publics.

La montagne d'Algéziras, à l'extrémité occidentale de la baie de Gibraltar, offre des excavations naturelles du même genre. Un escalier d'environ cent degrés, taillé dans le roc, conduit à l'entrée des grottes ; le sol des premières galeries offre une pente rapide, par laquelle on arrive à une espèce de labyrinthe composé de plusieurs galeries qui se dirigent en sens divers. Les parois du rocher sont presque partout couvertes de concrétions très brillantes ; le moindre bruit qui se fait sous ces voûtes retentit au loin et s'y prolonge pendant plusieurs minutes.

Les arbres flottants de la mer du Nord.

Depuis que les navigateurs européens fréquentent les mers polaires et qu'ils visitent les côtes du Groënland, du Spitzberg, de l'Islande, de la Nouvelle-Zemble, etc., ils ont eu plusieurs fois l'occasion de remarquer et de dire qu'on voit presque toujours échouer sur ces rivages glacés des arbres déracinés que les flots apportent des régions inconnues. On a fait à ce sujet bien des conjectures, aussi peu fondées les unes que les autres, tandis qu'il s'agissait seulement de chercher à connaître à quelle classe appartenaient ces grands végétaux, de trouver ensuite leurs analogues dans les deux continents, d'observer la d.-

rection constante des courants, et surtout de déterminer avec précision le gisement des terres polaires.

Des observations faites par des naturalistes éclairés, ont fait reconnaître parmi ces bois flottés des bouleaux noirs et des buissons d'aulne et d'osier ; or ces arbres et ces arbustes croissent à la pointe méridionale du Groënland ; c'est donc du Groënland qu'ils sont emportés en pleine mer par les vents et les courants, après avoir été déracinés par l'effort incessant des vagues. Quant aux troncs de vingt à trente pouces de diamètre, on s'est convaincu qu'ils étaient de la famille des trembles, des cèdres, des mélèzes et des sapins originaires de la Sibérie, et l'on a pensé qu'ils venaient du cœur même de cette contrée, entraînés par les eaux de l'Oby, du Yénissey, de l'Irtiche et des autres grands fleuves de l'Asie septentrionale. Enfin, de la direction bien constatée de certains courants qui coulent de l'est à l'ouest dans les hautes latitudes du nord, on a inféré que les bois déposés sur les plages inhospitalières du Kamschatka, venaient de la côte occidentale de l'Amérique. C'est ainsi que la nature prévoyante pourvoit, par des moyens qu'elle s'est réservés, aux besoins des hommes qu'elle a fait naître en des contrées qu'elle-même prive de forêts.

L'Eléphant de Ceylan.

Autant l'éléphant surpasse en intelligence les autres animaux, autant celui de Ceylan surpasse par la finesse de son instinct les éléphants de l'Inde et de l'Asie. Non-seulement on l'emploie au service, où il

ne montre pas moins d'aptitude que d'activité, mais
encore on s'en sert à la guerre, où il cause beaucoup
de mal à l'ennemi contre lequel on le dirige. On le
dresse aussi pour la chasse de l'éléphant sauvage,
qu'il serait bien difficile de subjuguer sans son secours. Les princes de Ceylan ont toujours eu quelques-uns de ces animaux auxquels ils confiaient l'exé-
cution de leurs arrêts de mort contre les criminels
convaincus ; mais ce qu'il y avait de plus extraordinaire, c'est que l'éléphant exécuteur comprenait toujours, aux indices qu'on lui donnait, quel était le degré de rigueur qu'il devait déployer contre le malheureux dont on lui abandonnait la vie. Si le coupable
devait périr par un supplice cruel, l'éléphant lui appuyait un de ses pieds sur le corps, lui arrachait les
bras l'un après l'autre avec sa trompe, et l'écrasait
ensuite en le foulant aux pieds. Dans les cas ordinaires où il ne fallait que mettre le condamné à mort,
l'éléphant le saisissait avec sa trompe, le jetait en
l'air et le recevait sur ses défenses. Quand l'accusé
semblait mériter indulgence à cause de quelque circonstance atténuante, l'éléphant se contentait de le
lancer en l'air avec plus ou moins de force, quelquefois le patient se relevait sain et sauf, quelquefois il
perdait un bras ou une jambe. On sait que l'île de
Ceylan a passé aujourd'hui sous la domination
anglaise.

Le lac d'Oitz, au Japon.

Ce lac, que les naturels appellent *Bivano-Mit-sou-
Oumi,* le plus vaste et le plus profond des îles japo-

5

naises, s'est formé à la suite de quelque grand boule-
versement intérieur ; voilà ce qu'on lit dans les annales
du pays : « Le sol que les eaux couvrent aujourd'hui
était jadis couvert de moissons. Tout-à-coup la terre
s'affaissa sur une grande étendue, et les eaux intérieures vinrent remplir le vide qu'avait laissé la dépression du sol ; il ne fallut pour cela qu'une seule
nuit. En même temps, à la même heure, on vit sortir
des entrailles de la terre la haute montagne de *Foussi-
o-Yama*. Au bout de deux cent trois ans la grande
île *Tsicou-no-Sima* s'éleva du milieu du lac telle qu'on
la voit encore. »

Le lac a vingt-quatre lieues environ de longueur
sur une largeur moyenne de cinq ou six. Il en sort
une rivière assez considérable, celle de *Yodo-Gava;*
quant à la montagne de *Foussi-no-Yama,* la plus
haute du Japon, elle a son sommet couvert en tout
temps de neige et de glace, et au milieu de ces neiges
éternelles la nature a placé le cratère d'un volcan qui
vomit fréquemment des flammes, de la cendre et des
laves ; ce qui semble confirmer les traditions locales
ou du moins s'accorder avec elles, c'est que le *Foussi-
o-Yama* est tout-à-fait isolé, et qu'il n'appartient
pas à la grande chaîne qui traverse le Japon du nord
au midi.

Le figuier des Pagodes, ou l'arbre de Bouddha ou des Banians

Cet arbre, que les Indous tiennent pour sacré, est
une des plus belles productions végétales de la nature. On en voit presque toujours un ou deux auprès
de chaque pagode ; les branches de ce figuier sortent

du tronc horizontalement, et comme elles s'étendent à
une grande distance, leur propre poids les courbe
vers la terre jusqu'à ce que leurs extrémités touchent
le sol. Dès qu'elles y arrivent, elles s'y implantent et
y poussent des racines. Chacune d'elles devient à la
longue un nouvel arbre qui, à la vérité, ne produit
point de branches destinées à reproduire le même
phénomène, mais qui grossit au point d'acquérir jusqu'à dix ou douze pieds de circonférence. Ainsi chaque plant de figuier produit autour de lui une espèce
de forêt ou plutôt s'environne d'une immense galerie
de verdure.

Le plus célèbre de ces figuiers est celui qu'on distingue par le nom de Cob s-Bar, dans le Guzzerat,
sur une des branches de Sindh ; mesuré autour de ses
principaux rejetons, il a deux mille pieds de circonférence ; encore le fleuve l'a-t-il mutilé, en minant
une partie du sol qui s'est éboulé, entraînant avec lui
les troncs qu'il nourrissait. Les naturels assurent,
d'après leurs traditions, que cet arbre immense a
trente siècles d'existence. Le fruit du figuier des Pa-
godes, de la grosseur d'une noisette, est insipide ou
même de mauvais goût. On voit encore à Mandji,
dans le Bahar, un de ces arbres gigantesques dont
l'ombre couvre à midi un espace de terrain de onze
cent seize pieds anglais de circonférence.

Les Chauves-Souris de l'île Peel.

Ces chauves-souris, qu'on distingue par le nom de
Roussettes, sont d'une taille démesurée, leur corps
long de sept à huit pouces, et muni de deux énormes

ailes qui, étendues, ont à peu près trois pieds d'envergure. Il est rare au surplus que ces animaux se servent de leurs ailes ; on les voit presque toujours suspendus par leurs griffes aux branches des arbres. Les femelles prennent grand soin de leurs petits, qu'elles tiennent pressés contre leur corps, recouverts de la membrane dont leurs ailes sont garnies.

L'île de Peel, qui fait partie du groupe de Boninsima, au sud-est du Japon, a dû être jadis tourmentée par les volcans ; peut-être même n'est-elle que le produit de leurs éruptions. On voit dans plusieurs endroits de cette île des colonnes de basaltes qui indiquent assez l'action des feux souterrains. Les polypes ont élevé autour de Peel leurs murailles de corail, excepté là où des courants d'eau douce tombent dans la mer. On a remarqué plus d'une fois que les polypes s'éloignent de ces courants ; on peut en inférer que l'eau douce leur est contraire, surtout s'il est vrai, comme on le présume, que le corail se compose de l'union des sels marins avec la liqueur glutineuse qui émane du corps des polypes.

Les roches penchantes d'Hawaï ou Sandwich.

Vers le commencement de ce siècle, les habitants de la côte nord-est d'Hawaï s'aperçurent non sans effroi que des flammes légères sillonnaient la crête des rochers du rivage sur lesquels ils avaient leurs habitations. Ce phénomène se fit remarquer aussitôt après le coucher du soleil ; un brouillard épais avait enveloppé la montagne jusqu'à ce moment. L'alarme fut bientôt répandue dans tous les lieux voisins ; un prêtre qui habitait avec sa famille au pied de la montagne même fit cesser toutes les craintes, en offrant des sacrifices aux dieux, sacrifices dont l'effet, disait-il, devait conjurer tous les dangers. Le pied de la montagne, du côté de la mer, battu constamment par la mer, avait été miné ou rongé en-dessous.

Trois heures s'étaient à peine écoulées ; tout-à-coup la montagne se fendit de haut en bas dans toute sa longueur, qui est d'environ trois cents toises. La partie qui regardait la mer s'abîma dans les flots, entraînant deux villages et quelques insulaires qui n'avaient pas eu le temps ou la volonté de fuir. La portion de montagne qui ne fut point renversée resta penchée du côté de la terre ; elle se maintient encore dans la même situation ; mais, vue de la mer, elle présente un mur perpendiculairement haut de deux cents mètres, sans aspérités, sans saillie ; on le croirait taillé au ciseau. La roche, d'origine évidemment volcanique, se compose de couches superposées de lave poreuse ; plusieurs sources jaillissent de ses flancs à une hauteur de cent mètres et tombent en nappes ou en cascades ; quelques huttes des naturels se montrent suspendues au-dessus de ces roches pendantes, ou à demi cachées dans les scissures de la montagne.

Le volcan d'Alba.

Ce volcan, qu'on aperçoit des deux mers qui ceignent l'île de Luçon, est constamment en activité ; les jets de flamme qui en sortent servent pendant la nuit de phare aux navigateurs. Les éruptions sont peu dangereuses ; toutefois, après la saison des pluies, c'est-à-dire à la fin de l'année, on dirait qu'excités par quelque cause accessoire, les feux souterrains acquièrent plus de violence et d'intensité. On voit alors des nuages épais d'un blanc mat, se balancer au-dessus du cratère; précurseurs obligés de quelque sinistre catastrophe, ils donnent l'alarme aux naturels, qui fuient au loin, abandonnant leurs cases. Quelques heures après, la terre tremble, le sol s'entrouvre, les rochers se fendent, les flancs de la montagne se déchirent; des sources tarissent, d'autres les remplacent, la lave coule embrasée, les blocs de pierre, les cendres grisâtres couvrent le sol environnant. Le lendemain, pour l'ordinaire, tout rentre dans l'ordre; on dirait que le volcan, déchargé des matières surabondantes qui le gênaient, renonce à de nouveaux efforts, satisfait de trouver pour ses feux une assez large issue.

Le dragonnier d'Orotava.

On voit au milieu des montagnes qui servent de piédestal au fameux pic de Ténériffe, non loin de la jolie ville d'Orotava, un rocher nu, aride, s'élevant isolé comme une pyramide à une hauteur de vingt à vingt-cinq mètres. Du sommet de ce rocher inaccessible s'élance un beau dragonnier. On sait que cet arbre a de grandes vertus médicinales, ou que du moins on lui attribue de rares propriétés. Le dragonnier qui couronne comme un bouquet cette masse de roches, est d'une hauteur moyenne; celui qu'on voit à côté du jardin botanique de l'Orotava offre, bien que mutilé par un ouragan, en 1819, des propor-

tions gigantesques. Son tronc, près du sol, a seize
mètres de circonférence ; sa hauteur est encore de
vingt-deux mètres. On assure dans le pays que cet
arbre existait déjà quand les aventuriers normands
de Jean Béthencourt abordèrent aux Canaries, c'est-
à-dire au commencement du xvᵉ siècle, et qu'à cette
époque il était aussi gros qu'on le voit aujourd'hui.

Le Requin mort.

Il n'est personne qui ne connaisse l'instinct vorace
du requin, dangereux habitant des mers, qui ne sa-
che aussi que la nature l'a doué d'une force prodigieuse et d'une énergie musculaire qu'on chercherait
vainement dans les autres animaux. Mais ce qu'on
doit regarder comme un phénomène vraiment extraordinaire, c'est que cette énergie n'est qu'imparfai-
tement détruite par la mort même du monstre, auquel elle survit pendant quelque temps. L'équipage
du *Fils de France*, de Nantes, capitaine Gautier,
prit, il y a peu d'années, un de ces terribles squales
et le hissa sur le pont. Il se débattit pendant fort
longtemps ; mais à la fin, épuisé par ses propres efforts, autant que par la perte de son sang et la dou-
leur de ses blessures, il expira au milieu des plus ef-
frayantes convulsions. On lui ouvrit le ventre et l'es-
tomac, on lui arracha le cœur et les entrailles, on lui
coupa la queue à coups de hache ; vingt minutes s'é-
taient écoulées. Le capitaine voulut alors faire voir à
quelques passagers la conformation des rateliers de
l'animal, et pour mieux démontrer ce qu'il expliquait,
il enfonça la main dans la gueule. Aussitôt, et proba-

blement par l'effet de l'excitation que le contact produisit sur les nerfs et les muscles, la gueule se ferma,
et ce fut avec tant de force que le capitaine eut le
poignet coupé.

Tous les poissons en général fuient les parages que
le requin fréquente ; il faut en excepter les *pilotes*,
petits poissons de quatre à cinq pouces de long,
ainsi nommés sans doute à cause des fonctions qu'ils
ont l'air de remplir auprès du squale. Il est rare de
voir un requin sans l'escorte obligée de quatre ou
cinq pilotes, qui tournent sans cesse, sautillent, se
jouent autour de lui, toujours impunément ; on a sup-
posé que ces pilotes conduisaient le requin, dont la
vue est mauvaise, l'avertissaient des dangers ou lui
signalaient sa proie. Ce qui est certain, c'est que les
pilotes attachés à un requin le suivent partout, et
qu'ils ne l'abandonnent qu'à la dernière extrémité,
lorsqu'il est pris et hissé à bord.

La vallée d'Oahou et la vallée des cocotiers aux îles Sandwich.

De toutes les îles de l'archipel de Sandwich, que
les naturels nomment *Hawaï*, la plus fertile et la
plus belle est celle d'Oahou ; les navigateurs l'appellent le jardin de Sandwich. La nature s'y montre fé-
conde, inépuisable, et nulle part la plus riche végétation n'étale plus de merveilles. Ce qui ajoute au
charme et à l'effet des tableaux qu'une promenade
dans l'île déroule sous les yeux de l'observateur,
c'est le piquant contraste que présentent sans cesse
les roches arides, les précipices, les pics perpendi-

culaires, les débris volcaniques et les verdoyantes
prairies, les ruisseaux argentés, les bosquets d'arbres
en fleurs ou char és de r ts.

La vallée d'Oahou, à quelque distance d'Hono-Rourou, résidence du souverain du pays, est formée par
deux hautes montagnes taillées à pic et si rappro-
chées à leurs sommets, que le soleil arrive à peine au
fond de la vallée ; aussi on y jouit d'une fraîcheur
constante. Si l'on gravit ces rochers, dont la hauteur est d'environ cent cinquante toises, on découvre
d'un côté la baie et les habitations d'Hono-Rourou ;
de l'autre, les côteaux noirâtres qui servent d'enceinte
au lac salé ; plus loin, les riantes campagnes de Waï-
Titi ; du côté opposé ce sont des montagnes nues, escarpées, dont les flancs déchirés attestent que le sol
de l'île fut autrefois agité de convulsions intérieures.
Des blocs immenses de laves, bizarrement découpés,
des prismes basaltiques, d'énormes tas de pierres à
demi calcinées, indiquent de même que d'actifs volcans existèrent jadis en ce lieu.

C'était au milieu de ces ruines de la nature que
les prêtres de l'île célébraient leurs sanglants mystères, dans un temple dont les ruines se voient encore,
tristes, sombres, mélancoliques, mêlées d'ossements
humains.

Le lac salé a une lieue environ de circuit, mais il
n'est pas très profond. Une croûte épaisse de sel couvre le lit et les bords de l'eau ; le sel se présente partout en cristaux de forme cubique ; on les recueille
sur les cailloux du rivage, sur les plantes et jusqu'
sur les branches des arbres qui croissent autour du lac.

A deux ou trois cents pieds au-dessous est la vallée
délicieuse des cocotiers ; plusieurs ruisseaux en arro-
sent le fond, d'épais tapis de verdure cachent partout

le sol, des arbustes au brillant feuillage couvrent.les
flancs des rochers environnants ; au-dessus de cette
ceinture vivante les cocotiers montrent leurs têtes or-
gueilleuses, et les rochers recouverts de laves s'élèvent perpendiculairement comme des murailles.

Le pic le plus élevé d'Oahou, le Pari, occupe à peu
près le centre de l'île ; on y arrive par des ravines
profondes, à travers d'épais fourrés où l'air et le jour
pénètrent peu. Ces gorges conduisent à un plateau de
roche vive où le vent souffle d'ordinaire avec une extrême violence ; ce plateau se termine d'un côté par
un précipice de trois cent trente-trois mètres, au fond
duquel on aperçoit une vallée. Ce lieu est célèbre
dans les annales d'Oahou ; ce sont ses Thermopyles.
Lorsque le roi d'Hawaï, voulant subjuguer tout l'archipel, eut porté la guerre dans Oahou, trois cents
guerriers, seul reste de l'armée de cette île, se retirè-
rent vers le Pari, et se voyant poursuivis par les
Hawaïens, après avoir opposé une résistance inutile,
plutôt que de se rendre et pour ne pas survivre à l'in-
dépendance de leur patrie, ils se précipitèrent tous
dans l'abîme.

Le noyer dans le mûrier

On voit, à un quart de lieue de Perpignan, sur le
chemin qui conduit de la Bergerie nationale à la rivière, un véritable phénomène végétal · c'est un
noyer dans un mûrier, donnant l'un des noix, l'autre
des mûres, tous deux de la plus belle apparence ; le
premier élevant orgueilleusement sa tête couronnée
de feuillages à vingt mètres au-dessus du sol, le se-

cond l'entourant vers le milieu de sa tige d'une masse
circulaire de verdure. Le mûrier a un mètre environ
de diamètre, son écorce est partout saine et entière,
le tronc n'a aucune fente, aucune crevasse. C'est du
milieu de cette espèce de gaîne que s'élance le noyer
au tronc droit et poli. A mesure que celui-ci croît en
épaisseur, le mûrier docile cède et s'étend à l'entour
comme une matière élastique et ductile. Les racines
des arbres se croisent, s'enlacent en tous sens, mais
malgré l'adhérence très étroite des deux troncs, placés l'un dans l'autre, les sucs nutritifs ne dévient
point de leur cours naturel ; ceux que les racines du
mûrier élaborent ne vont point se perdre dans le tronc
du noyer.

Le guao de Cuba.

Personne n'ignore que l'Amérique produit des poisons végétaux extrêmement subtils. C'est tantôt un
arbre, tantôt un buisson ou même une simple plante
herbacée qui fournit aux indigènes ces terribles substances qui frappent de mort comme la foudre, et que
trop souvent encore ils emploient pour rendre mortelle la blessure de leurs flèches ou de leurs lances.
Il croît dans l'île de Cuba un arbre de taille moyenne,
doué d'une énergie délétère que peu de poisons ont
au même degré : c'est le *guao*, qu'il n'est pas même
nécessaire de toucher pour en subir les funestes in-
fluences. Il s'exhale sans cesse, des branches et des
feuilles de l'arbre, des émanations subtiles qui tombent sur l'imprudent qui s'avance, ou qui, tenté par
l'ombrage perfide qu'il lui présente sous un climat

brûlant, cherche pour quelques instants un abri contre les feux du soleil. Des symptômes fâcheux ne tardent pas à l'avertir du danger ; son visage, ses mains, ses oreilles, toutes les parties exposées au contact des émanations empoisonnées s'enflent, se tuméfient, se crevassent ; une fièvre ardente suit promptement ces premiers accidents, et plus d'une fois elle conduit à la mort. Le guao produit le même effet que l'arsenic, il corrode, il ronge, il dévore les entrailles, le malade périt au milieu des plus horribles convulsions. Heureusement cet arbre ne se montre que dans des lieux élevés, sur les sommets des montagnes, loin des plaines ou des vallées que l'homme habite. Il a le tronc très fort, les feuilles courtes et minces, les branches nerveuses.

Les caves de Peniscola.

Au pied d'une haute montagne que la mer entoure de trois côtés, est située la petite ville de Peniscola, renommée par ses caves naturelles. Ces caves ne sont pas autre chose que des grottes creusées par la nature dans les flancs de la montagne. On n'a eu besoin, pour les convertir en caveaux, que d'en fermer l'entrée avec des portes solides. Le vin se conserve dans ces grottes pendant beaucoup d'années sans jamais s'aigrir. Il y a plus, les vins s'y dépouillent très promptement, de telle sorte qu'après y avoir séjourné quelques mois, les vins d'une feuille ont l'apparence, le goût et la force des vins de huit ou dix ans. On affirme encore que les vins tournés ou de mauvaise qualité s'y améliorent sensiblement.

Une de ces grottes forme une longue galerie souterraine qui, des bords de la mer, remonte jusqu'au
château bâti sur le sommet de la montagne. Dix ou
douze sources d'une eau excellente jaillissent du rocher. L'une d'elles est considérable, et les habitants
assurent qu'elle ne tarit ni ne diminue jamais, même
dans les temps des plus fortes chaleurs. Il existe dans
le pays une tradition singulière au su et de cette
source Il y a deux cents ans, dit-on, qu'elle cessa
tout-à-coup de donner de l'eau douce ; il n'en sortit
plus que de l'eau salée ; au bout de cinq ou six ans,
l'eau salée disparut à son tour, et les choses reprirent
leur ancien cours.

La roche d'Hifaques.

On donne ce nom à un rocher de la côte de Valence,
en Espagne, de forme ronde et d'une hauteur prodigieuse, s'élevant perpendiculairement comme une colonne dont la base est dans la mer. Ce rocher, mesuré
à fleur d'eau, n'a pas cinquante mètres de circonférence ; son sommet présente une petite esplanade, sur
laquelle croissent quelques fleurs ; ses flancs paraissent presque partout taillés au ciseau. On ne peut y
monter qu'à l'aide de plusieurs grosses cordes solide-
ment attachées par le bout à des anneaux de fer plan-
tés sur l'esplanade.

Le côté qui regarde le levant est percé d'une profonde excavation, du milieu de laquelle s'élance une
source abondante d'eau douce. Les côtés du nord et
du midi offrent aussi plusieurs excavations, rangées
les unes au-dessus des autres comme les étages d'une

maison. Les plus basses sont presque à fleur d'eau, on les désigne par le nom de bains de la Reine : on y arrive par une galerie souterraine qui traverse la base du rocher. Le nom que portent ces grottes leur fut donné parce que l'épouse du roi maure de Valence y allait, dans la belle saison, prendre des bains de mer. Toutes ces grottes avaient reçu des portes ornées de mosaïques et d'arabesques ; il n'en reste que des ruines.

Le platane d'Egée.

S'il faut s'en rapporter à Pline, l'ancienne promenade d'Athènes était ombragée de superbes platanes, dont les racines, de même que les branches, s'étendaient autour du tronc à une distance considérable ; ces arbres n'existent plus, mais le sol n'a point perdu la faculté de produire et de nourrir des végétaux immenses.

On voit aujourd'hui à Boslitza, village bâti sur l'emplacement de l'ancienne Egée, où se réunissaient jadis les députés de la ligue achéenne, un platane qui n'a pas moins de douze mètres de tour, dominant sur plusieurs arbres de la même espèce. L'aire spacieuse qu'il couvre de ses rameaux sert de lieu de rendez-vous aux habitants dans les jours de fête.

Pausanias, décrivant l'Achaïe, parle souvent de ses arbres magnifiques, surtout de ses platanes. La plupart, dit-il, sont creux, et ces cavités sont si considérables, que plusieurs personnes peuvent y manger et s'y étendre à l'aise. Le platane de Boslitza confirme en grande partie les paroles de Pausanias. On a pra-

tiqué sur les branches, artistement entrelacées, au-
dessus du tronc principal, plusieurs cabinets de verdure qui peuvent contenir une table et deux ou trois
personnes.

Pline fait mention d'un platane de la Lydie qu'il
dit avoir vu, et qui excédait en grosseur tous ceux
de la Grèce. Ce platane était creux et la cavité avait
vingt-sept mètres de circonférence. Il ajoute que Lu-
cinius-Mucianus, qui fut trois fois revêtu de la pourpre consulaire, y prit un jour un repas avec dix-huit
personnes de sa suite.

La saline de Cardona.

A douze ou quinze lieues de Barcelone, auprès de
l'ancienne ville de Cardona, s'élève un rocher de sel
gemme, haut d'environ deux cents mètres. Ce sel,
en contact avec d'autres substances acides ou alcali-
nes, se colore diversement ; on voit des cristaux d'une
éblouissante blancheur, d'autres sont rouges, oran-
gés, violets, verts ou bleus ; quelques-uns sont nuan-
cés de plusieurs couleurs. Ce rocher est une mine
inépuisable de sel, car on l'exploite depuis bien longtemps, et l'on dirait que la nature prend soin de rem-
placer en très peu de temps les énormes quantités
qu'on en tire.

Quand les rayons solaires, dans un jour serein,
frappent la montagne, ils la font briller d'un éclat
extraordinaire. On est tenté de croire que toute sa
surface est incrustée de rubis, d'émeraudes, de to-
pazes et de saphirs. Les roches voisines ne produisent
que des hématites, sorte de pierres précieuses cou-

leur de sang. Quelques parties de la montagne sont couronnées de bouquets et de pins, à l'ombre desquels croît la vigne.

L'Orang-Outang.

On lit dans le volume des *Asiatic Research* de 1826, l'histoire assez intéressante d'un Orang-Outang de l'espèce que les naturalistes ont appelée Satyres pithèques. C'est le docteur Clarke qui la rapporte : nous en offrirons un extrait à nos lecteurs.

Le brick anglais *Marianne-Sophie* avait mouillé dans les eaux de Sumatra, vers la partie septentrionale de l'île. Un canot fut envoyé à terre. Il était sous les ordres de MM. Craggyman père et fils. Au milieu d'un bois assez clair-semé, les Anglais aperçurent un Orang-Outang d'une très haute taille, quand cet animal s'aperçut qu'on voulait l'attaquer, il s'élança sur un arbre avec une agilité merveilleuse, qu'il devait à la vigueur dont l'avait doué la nature. Il sautait d'un arbre à l'autre avec autant de légèreté qu'un écureuil, et ses mouvements étaient si vifs, si prompts, qu'il fut impossible aux Anglais de l'ajuster. On prit alors le parti d'abattre plusieurs arbres, de manière à l'isoler. Ce fut alors que le malheureux pithèque fut atteint de plusieurs balles ; il rendit aussitôt par la bouche une énorme quantité de sang, on crut qu'il allait expirer   on se trompait. L'animal recueillant ses forces, prit de nouveau son élan et courut vers d'autres arbres. Les Anglais le poursuivirent et l'ayant atteint, l'enfermèrent au milieu d'eux. Ils l'assaillirent alors avec de longues piques, l'Orang Outang prit

alors une attitude ferme, et se montra résolu à défendre sa vie jusqu'au dernier moment. Il parvint même
à saisir la pique d'un de ses ennemis, et il la brisa
de rage en mille pièces. L'effort qu'il fit l'épuisa.

Ce fut alors, dit M. Clarke, que l'on vit une scène
touchante. L'Orang-Outang prit tout-à-coup la pos-
ture suppliante ; ses yeux peignaient une vive dou-
leur, il touchait ses blessures et les montrait aux
Anglais, il avait l'air de leur dire : Epargnez l'ennemi
que vous avez vaincu. Les Anglais se sentirent vive-
ment émus ; pitié tardive, l'Orang-Outang expira.

La taille de cet animal, d'environ six pieds, était
bien proportionnée ; il avait les épaules larges, mais
la partie inférieure du corps assez mince, ses yeux
presque aussi grands que ceux de l'homme, le nez
plus saillant qu'il ne l'est en général dans les singes ;
la bouche très fendue et ornée de fort belles dents,
les bras longs, une barbe épaisse, frisée, de couleur
noisette, longue de trois pouces.

Ce qui étonna le plus les Anglais, ce fut l'extrême
irritabilité des fibres de cet animal, irritabilité qui
expliquait la grande force musculaire qu'il avait dé-
ployée de son vivant. Longtemps après sa mort,
lorsqu'on voulut le dépouiller de sa peau, le contact
du couteau produisit un mouvement violent de con-
traction sur les parties charnues. Ce mouvement devint même si hideux à voir, ajoute le narrateur, que
lorsqu'on parvint aux régions dorsales, le capitaine
du navire ordonna de couper la tête de l'animal avant
de continuer l'opération.

Nous avons parlé de quelque chose de semblable à
l'occasion d'un requin harponné par l'équipage d'un
navire de Nantes. Le docteur Clarke pense que l'O-
rang-Outang dont il s'agit ici avait été poussé par

quelque accident aux lieux où on l'avait tué ; on remarqua qu'il avait de la boue jusqu'aux genoux, ce
qui fit croire qu'il avait traversé des marais et qu'il
était sorti des forêts jusqu'à présent non explorées qui
commencent à plusieurs lieues de là et s'étendent
dans l'intérieur. Les naturels, qui étaient accourus
affirmèrent que depuis quelques jours ils entendaien
des hurlements, des cris extraordinaires qui n'appar
tenaient à aucune des bêtes fauves de la contrée. L.
peau desséchée, mesurée de l'épaule à la cheville du
pied, avait cinq pieds quatre pouces de hauteur ; la
tête, le cou compris, avait près d'un pied ; la figure
était complètement nue, excepté au menton et au bas
des joues, garnis de barbe ; on voyait distinctement
de longs cils ornant les paupières ; les oreilles s'ap-
pliquaient à plat contre la tête, comme dans l'homme ; les cheveux, d'un noir mat, tombaient sur les
tempes qu'ils recouvraient.

Dans le courant de la même année, on prit dans
les îles de la Sonde un individu de la même espèce,
on l'embarqua vivant sur le navire l'*Octavie;* les matelots lui donnèrent le nom de Georges, auquel il ré-
pondait très bien. Sa figure et sa peau le faisaient
ressembler assez à un nègre. Il s'était laissé apprivoiser aisément, et il vivait à bord avec beaucoup de
liberté. On lui avait montré à servir le café, à puiser
de l'eau, à balayer le pont, à brosser les habits des
officiers, et il s'acquittait très bien de ses petites fonctions. S'il faisait mal et qu'on le corrigeât, il prenait
une attitude humble et soumise, comme s'il eût de-
mandé de l'indulgence en montrant du repentir. Il
aimait beaucoup les fruits, prenait du thé, du café,
du vin blanc ; le riz était pourtant son mets favori.

Etait-il malade, il se soumettait au régime prescrit, avalant sans hésiter les remèdes qu'on lui présentait.

La cascade et les roches basaltiques de Fihe, dans l'île de Haïti.

C'est par la riante vallée de Matawaï qu'on arrive à cette cascade, l'une des merveilles de l'île. La vallée, d'abord large et couverte seulement de bruyères, se resserre et se rétrécit à mesure qu'elle s'éloigne de la mer; mais au lieu de bruyères, ce sont des arbres touffus qui couronnent les rochers, qui croissent même dans les fentes dont le temps a sillonné leurs flancs perpendiculaires. Un torrent roule ses eaux écumeuses au fond de la vallée; il se grossit des eaux qui de toutes parts jaillissent de la montagne. Après avoir cheminé pendant deux heures sur les bords du torrent, tantôt d'un côté, tantôt de l'autre, on arrive à la première chute. Les eaux, pressées entre deux rochers, se précipitent d'environ vingt-sept mètres de haut; saisies par le vent dans leur chute, elles se divisent, tourbillonnent et retombent en pluie; celles que le vent n'atteint pas coulent, en se couvrant d'écume, tout le long du rocher.

Au-dessus de cette cascade le terrain s'élargit; un bois touffu se montre sur la rive gauche, mais sur la droite s'élèvent à trente-trois mètres au moins de hauteur verticale des colonnes de basalte de cinq à six pouces de diamètre, pressées les unes contre les autres, la plupart brisées dans leur longueur, attestant par leurs formes rompues l'action violente des volcans. Du haut de ces rochers tombe avec fracas une large nappe d'eau, ou plutôt une masse d'écume, d'où se

reflètent, divisés en mille manières, les rayons décomposés du soleil. C'est cette cascade que les naturels désignent par le nom de Picha

---

Les sources d'huile de pétrole de Renan-Khyaung.

Après la longue et sanglante lutte qui a ouvert aux
Anglais l'empire birman et les a rendus maîtres des
côtes d'Arracan, M. Crawfort fut envoyé par le gou-
verneur-général auprès de l'empereur birman pour
négocier un traité de commerce. Il partit en 1827, et,
remontant le cours de la belle rivière d'Irrawady
pour se rendre à la ville d'Ava où se trouvait alors le
prince asiatique, il s'arrêta quelques heures à Renan-
Khyaung, pour examiner les sources d'huile de pétrole qui fournissent abondamment la matière de l'é-
clairage et en même temps une substance précieuse
qui garantit à jamais de la piqûre des vers tous les
bois de charpente et de construction qui en sont en-
duits. Ces sources naissent dans un espace d'environ
seize milles carrés, leur profondeur excède soixante-
six mètres et leur température est d'environ 28 ou
30 degrés. L'huile qui sort par les diverses ouvertures
coule dans les rigoles qui la conduisent à un grand
bassin, dont le fond est percé de très petits trous par
lesquels s'échappent les parties aqueuses. Le pétrole,
retenu dans le bassin, se coagule et s'épaissit en se
refroidissant.

Dans les environs de ces sources, M. Crawfort, qui
ne voyageait pas seulement comme envoyé diploma-
tique, mais comme observateur, trouva des ossements

pétrifiés, de rhinocéros, d'hippopotames, de masto-
dontes et d'autres mammifères.

Effet merveilleux du chant.

Lorsqu'Amurath IV se rendit maître de Bagdad
en 1637, il donna l'ordre de passer tous les habitants
au fil de l'épée. Un chanteur arabe, près de périr,
demanda, sous prétexte d'une révélation importante,
à être conduit en présence du sultan. Là, il se mit à
chanter un air triste et touchant, et ce fut avec tant
d'expression, qu'Amurath, profondément ému, non-
seulement fit grâce au chanteur, qu'il combla de biens
et qui devint son favori, mais encore épargna les habitants, et rétracta l'ordre cruel qu'il avait donné.

Les Turcs attachent beaucoup d'importance au
chant religieux. Celui qu'on entend dans les mos-
quées ressemble assez à celui des Juifs dans leurs sy-
nagogues. Les uns et les autres entonnent avec force
et font de longues phrases musicales, mais ils ont la
manie de chanter dans le haut, ce qu'ils font à pleine
voix et avec tant de violence, que plus d'un chantre
s'est démis souvent la mâchoire. Pour prévenir cet
accident ils prennent la précaution de la tenir à deux
mains, au moment où leur voix se donne l'essor.

Le cyprès de Misitra.

Les voyageurs qui vont visiter les ruines de Sparte,
aujourd'hui Misitra, ne manquent guère de se rendre

sous le cyprès voisin de la ville actuelle. L'Asie-Mineure, qui paraît être la véritable patrie de ce bel arbre, n'en renferme pas de plus magnifique. Le cyprès de Misitra a près de onze pieds de diamètre et sa tête s'élève à une hauteur immense. On a bâti un mur d'enceinte autour du tronc, et on a dirigé vers les racines les eaux d'une source des environs.

Le cyprès est l'arbre de prédilection des Turcs; non-seulement il est pour eux comme pour nous un signe de deuil, mais encore ils aiment à voir partout la représentation du cyprès, sur les tapis, sur les mouchoirs, à la brochure des schals, etc. Ordinairement ils les peignent la tête penchée, comme s'ils cédaient à l'effort des vents.

Température tropicale de l'Amérique.

La température du Nouveau-Monde, entre les tropiques, est moins élevée d'environ douze ou quatorze degrés que celle de l'ancien continent sous les mêmes parallèles. On en donne plusieurs raisons. L'immense quantité d'eaux fluviatiles ou stagnantes qui sont répandues sur le sol, produisent par l'évaporation d'abondantes rosées qui interceptent les rayons solaires ou qui en changent la direction ; les terrains sablonneux s'y trouvent beaucoup moins fréquemment que dans l'Afrique ou l'Asie, et par conséquent il n'y a pas autant de réverbération ; les terres les plus arides y sont couvertes de joncs, de bruyères et de lianes : la chaleur doit avoir moins d'intensité. Il y a plus, l'Amérique a de vastes forêts; les arbres en sont très élevés et des touffes de plantes parasites en surchar-

gent le tronc et les rameaux ; le soleil ne peut pénétrer ces masses de verdure. L'ombre de ces arbres
s'étend au loin ; on sait que leurs cimes attirent, arrêtent les nuages, et les forcent à se résoudre en
pluie ; l'humidité se concentre sous leur épais feuillage.
Les hautes montagnes, dont la chaîne traverse l'équa-
teur, sont en tout temps couvertes de neige ; elles
opposent leur masse aux rayons solaires qui, ne pou-
vant arriver à la terre qu'au milieu du jour, ne lui
enlèvent point son humidité surabondante ; toutes
ces causes réunies doivent nécessairement refroidir
l'atmosphère.

D'un autre côté, le sol est en général beaucoup
plus exhaussé en Amérique qu'il ne l'est en Asie ou
en Afrique, et cette seule circonstance est suffisante
pour opérer de grandes différences dans la température. Aussi n'a-t-on jamais vu en Amérique des hommes noirs comme dans l'Ethiopie ou la Guinée. A la
Guyane, au Brésil et aux Antilles, qui sont les contrées les plus chaudes de l'Amérique, on n'a trouvé
que des hommes de couleur cuivrée. Les sauvages
noirs que Ralécy prétend avoir vus dans la Guyane
ne sont que des hommes dont la couleur bronzée a été
noircie par des drogues. Les relations espagnoles parlent, il est vrai, d'hommes noirs que Velasco Nugnez,
un des premiers conquérants de l'Amérique, avait
rencontrés dans l'intérieur des terres ; mais ces mêmes relations ajoutent que ces hommes noirs étaient
des nègres africains, que les vents et les tempêtes
avaient jetés malgré eux sur les côtes de l'Amérique.

La grotte des Pigeons.

On voit sur la côte de Valence en Espagne, un rocher dont la mer baigne le pied et qu'on désigne par
le nom de *Roche de Toïx*. Ce rocher est percé à fleur
d'eau d'une excavation profonde où se rassemblent la
nuit d'innombrables bandes de pigeons sauvages.
Cette caverne a soixante toises environ de profondeur
sur trente de large et cinq ou six de hauteur, on n'y
peut entrer qu'en bateau. Un courant d'eau considérable sort avec fracas du fond de cet antre.

Le chien du Nord.

Nous avons vu le chien de Terre-Neuve donner à
son maître des preuves extraordinaires d'affection, de
dévouement et d'intelligence : le chien des régions
polaires ne rend pas à son maître des services moins
importants; il le dirige, l'aide à la chasse, il l'emporte
dans son traîneau avec la rapidité de la flèche, il le
défend par sa vigilance contre les bêtes féroces, et
pour prix de ses fatigues et de ses peines, le pauvre
animal ne reçoit souvent que des coups, ou il éprouve
des privations cruelles.

Ce chien est de la taille de nos chiens de berger,
mais plus fortement constitué; une épaisse fourrure
le garantit de la rigueur du froid; sa vigueur est
proportionnée à sa taille. Son intelligence égale celle
du chien de Terre-Neuve; quant à son caractère, s'il
est hargneux, incommode, peu sociable, c'est le résul-

tat des mauvais traitements qu'il subit. Il se montre toujours plus docile envers les femmes et les enfants qu'envers les hommes ; c'est que les femmes le traitent mieux, et que les enfants jouent avec lui, tandis que les derniers l'emploient à de rudes travaux qu'ils paient fort mal ; et pourtant l'on peut dire que sans le secours des chiens, le Kamstchadale, le Samoyède et l'Esquimaux ne pourraient habiter leurs climats glacés. Le renne sauvage, l'ours et le veau marin leur fournissent les seuls aliments dont ils se nourrissent ; et c'est à leurs chiens seulement qu'ils doivent la découverte de ces animaux et souvent même les moyens de s'en rendre maîtres. Les chiens les sentent de très loin, et ils courent vers cette proie avec une ardeur incroyable, qu'augmente encore la faim qui les presse, et les efforts réunis des chiens et du maître sont presque toujours suivis de succès.

Les Kamstchadales et les autres peuples du nord de l'Asie et de l'Amérique, font consister dans le nombre de leurs chiens une partie de leurs richesses ; ils les attellent à leurs traîneaux au nombre de huit ou dix, quelquefois davantage, suivant le poids dont ces traîneaux sont chargés, mais ce qui fait principalement la bonté de l'attelage, c'est de posséder un bon *chef-de-file*, c'est-à-dire un chien fidèle, soumis, intelligent, accoutumé à conduire, et doué d'un excellent odorat. Ce chien-maître précède les autres de deux ou trois pieds, il s'arrête, ralentit ou presse sa marche, change de direction à la voix du conducteur, qui, de son côté, a soin de ne faire le commandement qu'après avoir appelé le chien-guide par son nom, à peu près comme on voit l'officier qui dirige la manœuvre ou l'exercice, appeler l'attention par les mots : garde à vous. Le chien, qui s'entend nommer, tourne la

6|

tête vers son maître en signe d'intelligence, et comme
pour lui dire que le commandement sera exécuté. Le
conducteur est armé d'un fouet long d'environ vingt
ou vingt-quatre pieds, et il s'en sert avec beaucoup
d'adresse ; mais il l'emploie très rarement contre les
chiens. Ceux-ci servent quelquefois de bêtes de som-
me, et ils portent un fardeau d'une trentaine de livres,
ce qui n'a lieu au surplus que durant l'été.

La gymnote électrique.

On donne ce nom à une espèce d'anguille, longue
de quatre à six pieds, assez commune dans les eaux
marécageuses de l'Amérique méridionale. Son corps,
couvert d'une matière gluante et tout moucheté de
points jaunes, fut armé par la nature d'une forte puissance électrique pour lui servir de défense ; les plus
gros poissons fuient devant elle ; les chevaux et les
bœufs même ne traversent pas impunément les eaux
qu'elles habitent, plus d'une fois on a vu ces animaux frappés de la commotion électrique, et paraly-
sés dans leurs mouvements, se laisser tomber et se
noyer sans pouvoir être secourus. Le pêcheur à la ligne n'est pas lui-même exempt de la commotion,
pour peu que le cordon de sa ligne ait été mouillé.
Les naturels ne se hasardent à les toucher qu'avec
de longues perches de bois sec ; encore prennent-ils
la précaution d'egiter fortement les eaux, soit en y
faisant entrer des animaux, soit de toute autre manière, afin d'irriter les gymnotes et les obliger ainsi
à se décharger de leur électricité.

La chèvre savante.

L'auteur anglais des *Cent Merveilles du monde*, le docteur Clarke, raconte que, dans le cours de ses voyages en Orient, il rencontra sur la route de Jérusalem, entre cette ville et celle de Bethléem, un pauvre Arabe qui gagnait sa vie en faisant voir les tours d'adresse de sa chèvre. Cet animal était si bien dressé, qu'au son de la voix de son maître il montait sur un morceau de bois de six pouces de haut et de deux pouces de diamètre, posé debout sur le sol, et qu'il s'y tenait en équilibre sur ses quatre pieds joints. L'Arabe mettait ensuite sur ce premier morceau de bois un second morceau des mêmes dimensions, puis un troisième, un quatrième et ainsi de suite, jusqu'à ce que la chèvre, qui montait toujours très adroitement sur le morceau supérieur, se trouvât au niveau de sa tête.

On sait bien que les chèvres n'ont pas besoin pour se soutenir sur le bord des abîmes que de très peu d'espace ; aussi n'est-ce pas l'adresse de la chèvre à se tenir debout sur un bâton qui doit le plus surprendre, c'est de la voir y garder l'équilibre de manière à maintenir le bâton fixe et perpendiculaire. Ce qui devait beaucoup augmenter la difficulté pour cet animal, c'était de n'avoir pour appui qu'une mince colonne formée de pièces détachées.

Le chêne de Bourjazot.

L'archevêque de Valence possède à Bourjazot, à une grande lieue de la ville, un beau palais et de superbes jardins qui servent souvent de but de promenade aux Va enciens désœuvrés. On remarque dans ces jardins, parmi de superbes arbres, une yeuse qui, par sa grosseur, son âge et l'étendue de ses rameaux, passe à juste titre pour l'une des merveilles du pays. On y compte quatorze branches principales sortant du tronc, et si épaisses que chacune d'elles formerait, seule, un très gros arbre. Ces branches, toutes chargées de feuillage, couvrent un espace circulaire d'environ deux cents pieds de diamètre. Pour empêcher les branches de se rompre, on a élevé par-dessous des piliers de maçonnerie.

L'yeuse est une espèce de chêne vert particulier aux provinces méridionales de l'Espagne, dont le gland est doux et très bon à manger; rôti, il a le goût des meilleurs marrons.

La fleur colossale.

J'accompagnais, dit le docteur Arnold, le gouverneur de nos établissements de Sumatra, dans une journée qu'il voulut faire pour reconnaître l'intérieur de l'île. Un Malais de la suite du gouverneur accourut tout-à-coup vers moi et m'invita d'un air joyeux à le suivre, si je voulais voir une chose merveilleuse ; je le suivis. Cette merveille, c'était une fleur immense qui paraissait attachée au sol ; mais quand je m'en approchai pour tâcher de l'enlever afin de l'emporter, je ne fus pas peu surpris de voir qu'elle ne tenait que par une petite racine qui n'avait pas deux pouces de longueur.

Cette fleur gigantesque avait deux pieds (anglais)

neuf pouces de diamètre, plus de huit pieds de tour;
ses feuilles avaient trois lignes d'épaisseur dans les
parties les plus minces, de six à neuf lignes dans les
autres. Le poids de la fleur entière n'était pas moins
de quinze livres; il s'en exhalait une forte odeur de
viande, ce qui attirait dans son nectaire une grande
quantité de mouches. Les naturels lui donnent le nom
de *Krouboul*, ce qui signifie grande fleur; les naturalistes lui ont donné celui de Raffleria. Elle paraît
être du genre des champignons.

Les grottes de Bonifacio.

Des falaises escarpées, hautes de deux cent cinquante pieds, forment la côte de la pointe méridionale de l'île de Corse; ces falaises, d'une roche calcaire peu compacte, battues sans cesse par les flots de
la mer, sont toutes minées ou excavées à leur base;
et les éboulements successifs causés par cet accident
laissent la partie supérieure du rocher suspendue
pour ainsi dire au milieu de l'air, comme une voûte
brisée formant un quart de cercle, dont la saillie ou
le surplomb est en quelques endroits de plus de cent
pieds.

Ce qu'on peut regarder comme une merveille, ce
n'est pas seulement de voir ces falaises soutenir au
dessus des abîmes de la mer par la seule force de
leur adhérence latérale, mais c'est surtout de les voir
surchargées d'une ville entière et d'une citadelle,
résister à ce poids énorme qui tôt ou tard pourtant
finira par détacher la partie qui manque d'appui.
Cette ville est celle de Bonifacio. Il est vrai néanmoins

que les maisons les plus exposées ont été abandonnées depuis longtemps par leurs propriétaires, et il
est probable qu'avant un siècle la ville entière le
sera, si avant cette époque elle n'a été engloutie par
la chute du sol qui la supporte.

Dans les environs de Bonifacio, la mer a creusé
plusieurs grottes, dont quelques-unes offrent des particularités remarquables.

Il s'en trouve une de fort vaste, exactement sous
la citadelle ; l'entrée en est fort étroite, parce que la
mer y a jeté une quantité prodigieuse de galets ; on
ne peut guère y pénétrer qu'en se traînant sur le ventre. L'intérieur se compose de plusieurs salles dont
les murs et les voûtes sont couverts de pétrifications,
et dont le fond est couvert d'eau. Ce qui d'abord
excite la surprise, c'est que cette eau, claire et transparente, n'est que très légèrement saumâtre, bien
que son niveau soit plus bas que celui de la mer ; on
reconnaît bientôt que cet amas d'eau douce est le
produit des infiltrations des eaux pluviales à travers
la falaise, et l'on acquiert ainsi une preuve nouvelle
que les eaux de la mer ne s'infiltrent pas dans les
terres, comme le supposaient quelques physiciens,
avant que les sciences géologiques eussent été portées
à un aussi haut point. Les curieux parcourent cette
grotte en bateau, car la profondeur de l'eau est presque partout de huit à dix pieds.

Une autre grotte non moins curieuse est celle qui
traverse le mont Pertuirato ; c'est une véritable galerie qu'on dirait creusée de main d'homme, tant elle
est régulière. Comme elle est ouverte des deux côtés,
le jour y pénètre sans obstacle, et ce qui augmente
l'effet de cette percée, c'est que la montagne s'avance

dans la mer comme un promontoire dont le pied re-
pose presque partout au fond des eaux.

La grotte de l'entrée du détroit est encore plus
extraordinaire. C'est une grande ouverture demi-circulaire, sur le flanc perpendiculaire d'une roche dont
on dirait que le ciseau a uni la surface. Comme cette
ouverture est à fleur d'eau, la mer y entre et en sort
librement; on ne peut s'y introduire qu'en bateau,
encore faut-il choisir le temps où la mer n'est pas
trop agitée; sans cette précaution, il serait difficile
de voir autre chose que la première galerie souterraine, et celle-là n'a rien de bien curieux; mais avant
d'arriver au fond de cette galerie qui semble se ter-
miner assez brusquement contre la masse de la montagne, on aperçoit sur le côté gauche l'entrée d'une
seconde galerie dont la voûte n'est pas très élevée et
qui conduit à une salle immense éclairée par le haut;
cette salle renferme un bassin profond, rempli d'une
eau transparente, au milieu de laquelle on voit se
jouer un assez grand nombre de phoques. Les pê-
cheurs de Bonifacio vont quelquefois jeter leurs filets
dans ces lieux solitaires; mais jamais ils n'inquiètent
ces animaux qui, de leur côté, ne montrent aucune
frayeur.

Le lac Pavin.

Les volcans ont couvert autrefois le sol de la France.
Les Pyrénées et les montagnes de l'Auvergne offrent
un grand nombre d'anciens cratères qui, par une
étrange révolution, sont devenus des étangs ou des
lacs où se nourrissent beaucoup de poissons. De tous

ces lacs placés sur le sommet des montagnes, l'un des plus beaux et des plus pittoresques, c'est incontestablement le lac Pavin, qu'on trouve sur la cime du Mont-d'Or. Les eaux occupent le fond du cratère, à cent vingt pieds environ au-dessous de l'orifice. Les parois intérieures du cratère au-dessus de l'eau sont couvertes d'une herbe épaisse, ce qui forme un magnifique tapis de verdure. Le bord du bassin est couvert de fragments de laves qui, par les laps du temps, se sont attachés les uns aux autres, comme les moellons d'un pavé ; l'eau est extrêmement limpide, on ne voit à l'entour ni joncs ni herbes aquatiques d'aucune espèce La profondeur des eaux du lac est, dit-on, de deux cent quatre-vingt-huit pieds. On peut arriver jusqu'au bord de l'eau en passant par une large ouverture qui servait autrefois à l'écoulement des laves, et par laquelle se déchargent aujourd'hui les eaux surabondantes.

Force extraordinaire de quelques hommes.

Un Anglais âgé d'environ trente ans, a été vu il y a peu d'années à Londres, exécutant des tours de force qui peut-être n'excluaient pas l'adresse, mais pour lesquels, à coup sûr, il fallait être doué d'une grande vigueur musculaire. Il prenait de la main droite une barre de fer longue de trois pieds et de trois pouces de tour, puis il frappait de cette barre son bras gauche nu, continuant jusqu'à ce que la barre fût tout-à-fait tordue ; ou bien il saisissait cette barre par les deux bouts, l'appuyait par le milieu sur sa nuque, et il la doublait en deux en rapprochant ses mains l'une de l'autre ; ce qu'il y avait de plus fort, c'était après avoir ainsi ployé la barre, de la redresser par une opération contraire, et cet Anglais le faisait.

Le maréchal de Saxe n'avait pas seulement de grands talents militaires mais encore il possédait une force de corps extraordinaire. On sait que se trouvant à Londres, un boxeur se mit sur son passage, et que refusant de se déranger, bien que le maréchal l'en priât, il lui offrit le combat à coups de poing, manière anglaise de vider les différends parmi la populace. Le maréchal accepta la partie, et saisissant le boxeur par la nuque, il lui fit faire en l'air deux ou trois pirouettes et le jeta dans son tombereau, aux grandes acclamations des Londoniens, qui voulaient porter le vainqueur chez lui en triomphe. Les hourras redoublèrent, comme on peut le croire, quand un des assistants ayant reconnu le maréchal, l'eut nommé devant ses compatriotes. C'était après la bataille de Fontenoy, ou plutôt après la paix qui l'avait suivie.

On lit dans plusieurs recueils l'anecdote suivante, dans laquelle figure le même duc de Saxe. Dans une de ses marches, son cheval s'étant déferré, il s'arrêta dans le premier village où il aperçut un maréchal. Au moment où celui-ci se disposait à ferrer le cheval : Vos fers sont-ils bons, au moins, lui demanda le duc? — Excellents, mon général ; vous n'en trouveriez pas de meilleurs à vingt lieues à la ronde. — Voyons, voyons, que je les examine. Et prenant un des fers que le maréchal lui présenta, il eut l'air de l'examiner, puis le brisant en deux avec ses mains : Celui-là ne vaut rien, lui dit-il en riant, ayez-en un autre, et surtout choisissez-le meilleur. L'artisan baissa la tête, et se mit à l'ouvrage sans répondre. Quand le cheval

fut ferré, le duc donna au maréchal une pièce de six
livres. Ce dernier prend l'écu, l'examine à son tour,
et le courbant entre ses doigts comme s'il eût été de
plomb, il s'écrie : Mon général, cette pièce est fausse,
voyez-la donc. Le duc prit alors un double louis et le
donnant à l'ouvrier, devenu son maître en tours de
force . Essayez de celle-ci, lui dit-il en riant, elle
sera meilleure. Le duc de Saxe prenait plaisir, dit-on,
à raconter lui-même cette anecdote.

L'auteur de cet ouvrage a connu à Madrid, il y a
quarante ans, un garde-du-corps du roi, de la compagnie espagnole, pourvu, comme le maréchal de
Saxe, d'une vigueur herculéenne. Le roi Charles IV,
naturellement fort, se croyait plus fort encore qu'il ne
l'était, parce que tous ceux qu'il provoquait à lutter
contre lui étaient trop courtisans pour ne pas se laisser vaincre. Le prince aimait beaucoup à jouer *à la
barre;* c'est un jeu qui consiste à lancer au loin une
barre de fer d'environ deux pouces de diamètre et de
trois ou quatre pieds de long. Jamais personne n'avait
lancé la barre aussi loin que lui ; il tenait à cette espèce de triomphe. Ayant entendu parler de la force
du garde-du-corps, il le fit un jour appeler pour
jouer contre lui à la barre, et le garde, peu complai-
sant, envoya la barre à cinquante pas au-delà de la
place où était tombée celle du roi. Charles IV, loin
de se fâcher, applaudit beaucoup à la liberté que son
serviteur avait prise de se montrer plus fort que lui,
et pour prix de cet exploit d'athlète, il lui envoya le
lendemain un brevet de capitaine de cavalerie.

Ce garde-du-corps était déjà d'un certain âge
quand l'auteur l'a connu ; encore jeune, quand il se
faisait corriger pour quelque folie, il écartait de ses

mains deux des barreaux de la croisée, passait par l'ouverture, et au moyen d'une échelle de corde qu'il s'était procurée, il descendait à la rue ; ensuite il revenait par le même chemin et redressait les barreaux, de sorte qu'on ne s'apercevait point de ses courses nocturnes. Un de ses tours ordinaires était de se poster dans la rue de *Las Casselas*, qui descend vers la place appelée *Puerta del Sol*; et quand une voiture venait à passer, de la saisir avec ses mains par le train de derrière, et en faisant arc-boutant de ses pieds, de l'arrêter au milieu de sa course, malgré les coups de fouet que le cocher faisait pleuvoir sur les chevaux.

Il n'est personne à Paris qui n'ait aperçu sur les boulevards, aux Champs-Elysées, une femme couchée sur deux chaises, c'est-à-dire les pieds sur l'une et les épaules sur l'autre, porter sur le ventre un gros bloc de pierre, et sur ce bloc de pierre une autre pierre qu'on brisait à coups de marteau. Dans ce tour, la difficulté tout entière c'est de supporter le poids du bloc, car l'effet des coups de marteau est presque nul, la quantité de force qu'a dans ce cas le marteau venant à se répartir à chaque coup dans le bloc dont le volume est soixante ou quatre-vingts fois plus fort que celui du marteau lui-même. Il n'en était pas ainsi dans le tour du tonneau qu'exécutait cette même femme-là ; sans nul doute, une grande force était nécessaire. Ce tonneau, que six hommes pouvaient soulever à peine, était disposé sur elle, comme le bloc de pierre, et on la voyait distinctement le faire balancer deux ou trois fois du haut en bas, par la seule action de ses muscles. L'expérience ne durait, il est vrai, qu'une demi-minute ou à peu près ; mais il n'en est pas moins vrai que cette femme, couchée sur les

deux chaises, supportait un poids de sept à huit cents
livres.

***

Les volcans d'Hawaï ou Sandwich

Il n'est peut-être pas de lieu dans l'univers qui,
plus que le *Kirau-ea*, offre un spectacle majestueux,
grandiose, sévère, où l'on puisse assister de plus près
aux grandes et terribles opérations de la nature. On
commence par descendre par une pente rapide d'environ cent cinquante pieds, dans une espèce de bassin demi-circulaire. Toute la pente est couverte d'arbres et d'arbrisseaux de la végétation la plus vigoureuse. Après avoir marché un demi-quart de lieue
sur un terrain plat et uni, on arrive à un second en-
foncement, plus bas encore que le premier. Quand on
est parvenu au fond, on trouve un second plateau de
la même forme que le premier; c'est à l'extrémité
de ce plateau que s'ouvrent les bouches du volcan.
En se tournant vers le lieu d'où l'on vient, on se croit
transporté dans un amphithéâtre de géants, où deux
gradins seuls paraissent destinés à recevoir les spec-
tateurs.

On compte dans cette enceinte une soixantaine de
cratères dont quelques-uns sont éteints, dont les autres vomissent constamment de la fumée et des flammes. De tous côtés on aperçoit des masses de lave et
de soufre et des gerçures d'où sortent des exhalaisons
brûlantes. Ainsi le volcan de Kirau-ea ne se trouve
point, comme la plupart des volcans connus, sur le
sommet d'une montagne élevée, mais il est au fond
d'un abîme de quatre cents pieds, où l'on descend par

deux vastes degrés; il est très probab'e qu'il s'est
opéré jadis dans ce lieu quelque dépression du ter
rain, produite par l'éboulement des voûtes intérieures
qui le supportaient.

Le fond du gouffre, ou pour mieux dire le sol sur
lequel s'élèvent les cratères coniques du volcan, se
compose d'une lave solide, qu'on peut parcourir
sans danger apparent, non sans danger réel ; car on
entend sous cette croûte de lave un bruit souterrain,
une sorte de mugissement continuel qui indique assez
l'existence des feux intérieurs ; souvent même cette
lave craque sous le pied comme une couche de glace
qui manque d'épaisseur, et si l'on y enfonce un pied
avec force, on fait un trou d'où jaillit à l'instant une
épaisse fumée.

Du côté de l'ouest, le cratère présente un mur
vertical haut de plus de cent toises, dont les fentes
laissent échapper des vapeurs blanchâtres et sulfureuses. Il existe pourtant, de ce même côté, un endroit où la montée est assez aisée. Plusieurs Européens, entre autres le navigateur Byron, ont profité
de cet accident du terrain qui paraît résulter d'un
éboulement intérieur et extérieur, pour monter au
sommet du cratère et descendre ensuite jusqu'au fond
du gouffre, ce qui n'est qu'un acte de témérité que
rien n'excuse parce que rien ne le justifie.

Avant la conversion des habitants des îles d'Hawaï
au christianisme, ils croyaient que le volcan de Kirau-
ea était le séjour de la déesse Pélé, qui préside aux
feux et aux volcans; et, bien qu'ils soient aujour-
d'hui chrétiens, ils n'en restent pas moins persuadés
que les éruptions du volcan indiquent le courroux de
la déesse.

Outre les masses de lave et de soufre que l'on

7

trouve dans les environs du volcan, on remarque en beaucoup de lieux de la lave vitrifiée, noire et brillante comme du jais, très fragile ; quelquefois elle se montre en filaments déliés, presque transparents, couleur vert olive foncé. Les naturels les appellent les cheveux de Pélé.

Le volcan de Pouna-Hohoa est moins considérable que celui de Kirau-ea ; mais comme ce dernier, il a son cratère dans un bassin d'un quart de lieue de diamètre, visiblement déprimé ou affaissé d'environ dix ou douze toises au-dessous du niveau primitif. Il y a dans les environs beaucoup de grottes naturelles, dont quelques-unes sont habitées par de pauvres familles d'insulaires qui s'occupent de la fabrication des étoffes du pays. On présume que toutes ces cavernes appartiennent à des éruptions volcaniques, et qu'elles n'ont été formées que par le refroidissement des laves.

La grotte de Gandie.

La petite ville de Gandie, dans la province de Valence, en Espagne, est située au fond d'un vallon si fertile que les Arabes lui avaient donné le nom de *séjour de délices* ou *trésor des trésors.* La montagne du Montdubar, à l'une des extrémités de la vallée, renferme une superbe grotte que les habitants actuels appellent la caverne des prodiges. Ces prodiges consistent principalement dans les trois ou quatre cents colonnes naturelles qui semblaient supporter la voûte de la salle immense que l'on trouve en entrant. Ces colonnes, hautes d'environ trente pieds, n'ont guère que six pouces de diamètre ; elles résonnent d'un son métallique lorsqu'on frappe sur elles avec une clef ou quelque chose d'équivalent ; à leur blancheur, on les prendrait pour des colonnes d'albâtre ; mais il n'y faut voir que des cristallisations, aussi elles ne sont ni égales en grosseur ou en forme, ni régulièrement placées. Il y en a de suspendues à la voûte et qui n'arrivent pas au sol, tandis que d'autres reposent sur le sol et n'arrivent pas à la voûte. Au fond de cette salle des colonnes, est un étroit passage qui conduit à une autre pièce toute remplie de concrétions curieuses. Elle représente toute sorte de figures d'hommes et d'animaux ; quelques-unes de ces figures peuvent aisément passer pour un ouvrage de l'art.

La grève de Granville.

Cette grève, située entre les départements de la Manche et d'Ile-et-Vilaine, au fond de la baie de Cancale, si renommée pour ses bonnes huîtres, un peu au-dessus de Saint-Malo, offre plusieurs phénomènes parmi lesquels on doit distinguer celui des marées et celui des *lises* ou sables mouvants.

Les marées qui, sur les côtes de l'ouest, depuis Bayonne jusqu'à Brest, n'excèdent guère vingt ou vingt-quatre pieds, montent dans cette baie, et principalement vers Granville, à la hauteur énorme de quarante-cinq pieds. Dans les grandes marées des équinoxes, la mer s'avance avec tant de rapidité, que le meilleur cheval aurait beaucoup de peine à se sauver en courant de toute sa vitesse. Des hommes à pied qui se laisseraient surprendre seraient infailliblement submergés. Heureusement les marées sont

extrêmement régulières, de sorte qu'entre le flux et
le reflux, les hommes, les femmes, les enfants même,
vont impunément chercher du poisson, des coquilla-
ges et tout ce que la mer dépose en se retirant.

La mer couvre pendant le flux une grève immense,
que plusieurs ruisseaux traversent. On rencontre
dans le voisinage de ces ruisseaux des sables fins et
mouvants, presqu'aussi fluides que l'eau même, et par
conséquent très dangereux pour les hommes et les
animaux. Les habitants donnent à ces sables le nom
de lises. Il n'est pas rare de voir des chevaux s'en-
gloutir dans ces sables, et entraîner avec eux les
charrettes ou les voitures qu'ils traînent. Quand cet
accident arrive, on étend de larges planches et de la
paille autour de la *lise;* on piétine sur ces planches
qu'on force ainsi à s'enfoncer dans le sable, et l'on
arrive quelquefois jusqu'aux objets *enlisés.*

On p étend que vers la fin du xviii° siècle, un bâtiment échoué sur cette grève s'enlisa si complètement
qu'il disparut jusqu'au sommet des mâts.

Sources naturelles de Pétrole.

On donne le nom de pétrole à une substance hui-
leuse et bitumineuse, liquide et très inflammable,
qu'on voit en beaucoup de lieux sortir en jets du sein
de la terre, ou couler sur les rochers. Quand cette
substance est légère et transparente, elle prend le
nom de naphte ; on l'appelle simplement pétrole lorsqu'elle est moins liquide, et poix minérale lorsqu'elle
est noire, épaisse, consistante et gluante. Dans les
pays où la nature produit les divers pétroles, on s'en

sert pour l'éclairage et même pour le chauffage ; mais un grand inconvénient s'attache à l'usage de cette matière : c'est la fumée noire, épaisse et puante que produit la combustion.

Les rivages de la mer Caspienne, du côté de la Perse, sont riches en pétrole. La terre y est tout imprégnée de naphte. Pour en retirer cette substance, il suffit de creuser un puits de quelques mètres de profondeur ; l'huile se rassemble à la surface de l'eau, et il est facile de la recueillir. Il y a même, non loin de la ville de Derbent, un petit espace de terre, d'environ un quart de lieue de tour, où le pétrole n'est pas seulement très abondant à la surface même du sol, mais où il brûle constamment, soit qu'il s'enflamme naturellement, soit qu'on l'allume à dessein. Il suffit même souvent, pour obtenir un jet de flamme, de plonger dans le sol le bout d'un bâton. Les Persans, et surtout ceux qui conservent encore les restes de l'ancien culte, regardent ce lieu comme sacré ; adorateurs du feu, c'est là où le feu se manifeste naturellement qu'ils veulent, une fois au moins dans le cours de leur vie, porter aux anciens dieux de la Perse l'hommage de leur dévotion.

On trouve du pétrole dans beaucoup d'autres lieux, bien moins pur que celui de Perse ; en général, on voit cette substance partout où des volcans en activité sont voisins des houillères. La France, l'Angleterre, la Suisse, l'Italie ont des mines de pétrole. Les environs de Modène surtout le fournissent en abondance.

La poix minérale n'est autre chose que le résidu des bitumes décomposés par les feux souterrains, mêlé à quelque substance étrangère. Cette poix prend aussi le nom d'asphalte. Elle surnage à la surface de la mer Morte. Les naturels la recueillent et la font sécher ; elle se durcit par le contact de l'air ; mais il s'en exhale toujours une odeur pénétrante et nuisible à la santé.

.e spectre de Brocken.

Le nom de Brocken a été donné à la plus haute montagne de la chaîne de Startz, dans le Hanovre. Le sommet n'a guère que onze cents mètres d'élévation au-dessus du niveau de la mer ; mais comme il s'élève au-dessous d'une plaine immense, on y jouit d'un coup d'œil magnifique. Les Saxons y avaient transporté leurs idoles, lorsque le christianisme s'introduisit dans leur pays, ce qui rendit le Brocken célèbre. D'un autre côté, la nature y a de tout temps placé des illusions d'optique, aujourd'hui encore connues sous le nom de *Spectre de Brocken*; et dans un temps d'ignorance où le phénomène ne pouvait qu'être vu sans être expliqué, le peuple supposa que la montagne était le séjour des magiciens et des sorciers, et plusieurs lieux conservent encore des noms imposés à cette époque par la superstition ou la terreur.

Un voyageur qui avait entendu parler du phénomène d'une apparition gigantesque au lever du soleil, voulut éclaircir le fait par lui-même, et il eut le plaisir de voir le spectre le 23 mai 1797, après un grand nombre de tentatives infructueuses.

Le soleil, dit-il, venait de se lever ; il était à peu près quatre heures du matin ; le temps était screin et le vent d'est chassait devant lui des vapeurs transparentes. Tout-à-coup, en portant les yeux à l'occident,

j'aperçus une figure des dimensions les plus colossales, à une grande distance du Brocken. Tandis que je
cherchais à me reconnaître moi-même pour m'assurer
que je n'étais pas bercé par un songe, un coup de
vent manqua d'enlever mon chapeau ; j'y portai la
main et je vis la figure répéter mon geste. Surpris
plus que je ne puis dire, je me baissai et la figure se
baissa ; persuadé alors que cette figure n'était que la
représentation de mon corps, j'allais continuer mes
expériences lorsqu'elle disparut subitement.

Je demeurai quelque temps à la même place, espé-
rant qu'elle reparaîtrait. Mon attente ne fut point
trompée ; je revis bientôt le colosse, qui refit exactement tous les gestes que je fis moi-même ; j'appelai
alors une autre personne, et nous vîmes deux spectres
au lieu d'un. Ces deux spectres parurent et disparu-
rent plusieurs fois, mais nous ne pûmes douter que
nous ne fussions nous-mêmes les magiciens, puisque
chacun des spectres répétait les mouvements que nous
faisions alternativement. Quelquefois ces figures
étaient mal dessinées et à peine visibles ; souvent
aussi elles offraient des formes bien prononcées. Je
m'imaginai que les spectres n'étaient pas autre chose
que nos ombres projetées sur les nuages, car il faut
remarquer ici que nos corps se trouvaient interposés
entre les nuages et le soleil, et ensuite que le soleil,
les nuages et nous, nous étions placés à peu près sur
une ligne horizontale.

La Condamine et Bouguer, que l'Académie des
Sciences de Paris avaient envoyés au Pérou pour certaines opérations astronomiques, furent témoins d'un
phénomène semblable. Un nuage épais qui les enve-
loppait, chassé par le vent, laissa voir le soleil
derrière eux. Le nuage n'était pas à trente ou qua-

rante pas, qu'ils aperçurent leur ombre nettement
dessinée à la surface. Chacun d'eux, il est vrai, ne
vit que sa seule ombre, parce que la surface du
nuage n'est pas plane. Ce qui les étonna, ce fut de
se voir l'un et l'autre couronnés d'une brillante auréole composée de toutes les couleurs de l'arc-en-ciel;
ce second phénomène était dû sans doute à la réfrac-
tion des rayons solaires, causée par la disposition
particulière de quelques portions des nuages.

Le Crocodile apprivo'sé.

Nous ne ferons pas ici la description de ce terrible
amphibie : il est trop connu Nous ne parlerons que
d'un passage d'Hérodote, où il est question des crocodiles sacrés de l'Egypte, que, suivant l'historien
grec, les prêtres de Memphis surchargeaient d'ornements, que même on élevait avec soin dans les tem-
ples de Crocodilopolis, ville qui leur était consacrée,
Hérodote a été traité d'historien crédule à l'excès; il
a été pendant longtemps de mode de révoquer en
doute les faits qu'il rapporte, parce que beaucoup de
ces faits, étrangers à nos mœurs ou à nos usages, nous
semblent invraisemblables Mais qu'opposeront les
détracteurs de ce père de l'histoire à la preuve four-
nie par cette momie du crocodile dont parle M Geof-
froy de Saint-Hilaire, lequel avait des pendants
d'oreille ?

Un fait certain, c'est que le crocodile n'est dangereux que lorsqu'il est pressé par la faim, et qu'au
contraire, lorsqu'il est rassasié, il est très peu disposé
à attaquer l'homme. Bruce, à qui l'on n'a pas non

plus épargné la critique, dit qu'en Abyssinie les enfants montent à cheval sur les crocodiles qu'ils trouvent sur le rivage, et qu'il n'y a pas d'exemple d'accident funeste causé par cette imprudente témérité. Le gavial d'Asie, qu'on dit plus farouche encore que le crocodile, se laisse apprivoiser ; il vient, à un cri qu'il connaît, recevoir sa pâture des mains de son maître : pourquoi le crocodile, élevé avec soin dans l'intérieur d'un temple, n'éprouvant jamais ce besoin de nourriture qui excite la férocité des animaux, accoutumé à voir toujours les mêmes personnes et à recevoir d'elles tout ce qui lui est nécessaire, ne deviendrait-il pas assez familier pour souffrir qu'on le maniât et qu'on l'ornât de pierreries, de colliers et de bracelets, comme le dit positivement Hérodote.

La galerie de laves d'Hawaï.

Les masses de laves qui recouvrent en grande partie le sol des îles d'Hawaï ou Sandwich, se présentent et se reproduisent sous mille formes bizarres; elles coulent par torrents des cratères encore ouverts débordent le sol et tombent dans l'Océan ; on ne saurait par conséquent douter que toutes ces îles ne soient le produit d'anciennes éruptions volcaniques, ou que du moins elles n'aient été longtemps exposées à l'action terrible des volcans.

Parmi les créations volcaniques qui abondent dans l'île d'Hawaï, la plus considérable du groupe, on doit distinguer comme l'une des plus curieuses la caverne de lave de Kéa-Naï. C'est une galerie couverte, haute d'environ cinquante pieds sur neuf ca dix de largeur, longue d'un quart de lieue. Comme elle se trouve placée contre la base d'un rocher, dont le flanc était taillé verticalement sur une hauteur de soixante pieds, on suppose qu'un torrent de lave liquide, tombant du haut de ce rocher, et violemment poussé par l'action continue des matières que le volcan rejetait, ou conservant encore toute sa force d'impulsion, a formé dans sa chute une espèce de voûte elliptique, comme cela arrive souvent dans les cascades où l'eau tombe d'un rocher vertical Ce qui confirme cette conjecture, c'est que le côté de la galerie formé par le rocher, s'élève perpendiculairement comme un mur, tandis que l'autre côté présente une légère courbure qui, s'inclinant davantage vers le rocher à mesure qu'elle s'élève, finit par former la voûte. La paroi intérieure est couleur de pourpre sombre, et dans quelques parties d'un noir très brillant. Le côté opposé offre toutes les teintes de l'ancienne lave.

Antipathies.

On a ri bien souvent des sympathies et des antipathies ; on s'est moqué de ceux qui prétendaient éprouver pour certaines personnes ou certaines choses un attrait irrrésistible ou une répugnance insurmontable. Mais, ou nous devons rejeter comme incertain tout fait qui n'a pour preuve que le témoignage des hommes, ou nous devons croire à l'existence des antipathies qui éloignent deux personnes ou deux choses l'une de l'autre. N'a-t-on pas vu mille fois des personnes, pleines de sens et de raison, ne pouvoir supporter la présence ou l'approche de certains objets, éprouver en les apercevant un sentiment de malaise, indépendant de leur volonté, et beaucoup trop douloureux pour faire supposer qu'il était simulé?

Quel intérêt auraient-ils eu d'ailleurs à feindre ce malaise, l'un pour une fleur, l'autre pour un insecte, celui-ci pour un fruit, celui-là pour le son d'un instrument. Auraient-ils par là augmenté la considération qui les environnait? se seraient-ils montrés plus recommandables, plus dignes d'intérêt? Pour quelques-uns surtout, au lieu d'un résultat avantageux, n'était-ce pas plutôt courir au-devant du ridicule?

Ne semble-t-il pas plus raisonnable de penser que ces antipathies, dont on voit tant d'exemples, et que ceux qui en souffrent ne sauraient vaincre, tiennent à l'organisation des individus? La nature a pour nous tant de mystères, qu'il y aurait témérité à rejeter une chose parce que nous ne pouvons pas l'expliquer.

Erasme avait la fièvre toutes les fois que l'odeur du poisson frappait son odorat; il avait tenté tous les moyens de surmonter sa répugnance pour cet aliment, et il n'avait pu y réussir. Bayle souffrait de convulsions douloureuses au bruit de l'eau qui tombe d'un robinet; le chancelier Bacon se trouvait mal quand il y avait éclipse de lune; le roi de Pologne, Uladislas, ne pouvait supporter la vue d'une pomme; il était obligé de s'éloigner au plus vite. Henri III, roi de France, avait la même aversion pour les chats; Scaliger perdait connaissance dès qu'il voyait du cresson. On pourrait citer beaucoup d'autres faits de ce genre; mais qui n'a vu mille fois des amis, des parents, ou qui n'a lui-même éprouvé d'invincibles répugnances pour certains objets, les souris, les araignées, les mouches, les vers, etc.? Celui qui écrit cet

article prendrait un scorpion avec ses doigts et ne
toucherait pas une araignée ; avec le premier, il se
contenterait de prendre des précautions pour n'être
pas piqué, la seconde lui inspire de l'horreur.

Le Toucan.

Le toucan est un oiseau de l'Amérique méridionale,
de la grosseur d'une poule moyenne, remarquable
par la beauté des plumes de sa queue et surtout par la
grosseur démesurée de son bec, qui, plus large que la
tête même, est souvent aussi long que le corps de
l'oiseau. Les naturels estiment beaucoup les plumes
du toucan, et ils en font leur plus belle parure. La
langue du toucan n'est pas moins extraordinaire que
le bec ; il le paraît même, d'autant plus qu'il y a moins
de proportions entre le bec et la langue. Celle-ci ne
consiste qu'en un long filet qui a tout au plus deux
lignes de large, et, sur les côtés, des espèces de bar-
bes comme une plume.

Ces oiseaux vivent dans les troncs des vieux arbres.
Quand on les prend jeunes, on les apprivoise aisément ; et il en coûte peu de les nourrir, car ils man-
gent tout ce qu'on leur donne, chair cuite ou crue,
poissons, légumes, pain, fruits, etc. Ils deviennent
même si familiers qu'ils suivent, comme les chiens,
ceux qui les nourrissent. Ils marchent mal, et les
jambes écartées. Quand on leur donne quelque chose
à manger, ils le saisissent avec la pointe de leur bec,
le rejettent en l'air et le reçoivent ensuite très adroitement dans leur gosier. Selon le naturaliste espagnol
Azara, le toucan est carnassier et sanguinaire. Le

plus beau de l'espèce est le toucan à gorge jaune,
couleur de soufre. La poitrine, le haut du ventre et
la queue sont d'un rouge très vif; le reste est d'un
noir foncé, avec quelques nuances verdâtres. Le bec,
noir à sa naissance, est d'un beau vert olive, excepté
sur les bords, où il est rouge.

Le Talipot.

C'est le palmier de Ceylan et de la côte de Mala-
bar, portant à cent pieds de hauteur, au sommet d'une
tige droite et mince, dégarnie de feuilles comme un
mât, sa tête touffue, et par-dessus cette couronne de
feuillage un superbe bouquet pyramidal de fleurs,
qui a souvent jusqu'à vingt-cinq ou trente pieds de
haut. C'est des parties tendres et spongieuses du
tronc que les naturels tirent le sagou. Ribeyro, naturaliste portugais, assure que le talipot ne fleurit
qu'une fois dans sa vie, qui ne va guère au-delà de
trente ans. Après que les fruits ont succédé aux
fleurs, l'arbre commence à languir, à se dessécher,
et il ne tarde pas à mourir. Les fruits ne sont pas
bons à manger; ils ne consistent qu'en des noyaux
de la grosseur de nos cerises, destinés à la reproduc-
tion de l'espèce.

La partie la plus précieuse du talipot, c'est la
feuille, qui se compose d'un tissu léger mais très fort,
impénétrable à l'humidité. Chaque feuille est si
grande, que deux ou trois suffisent pour couvrir une
cabane, la matière en est d'ailleurs si flexible et si
souple, qu'on peut plier sans crainte une feuille en
vingt doubles, comme on ferait d'un mouchoir.

Les feuilles de talipot remplacent le papier au moyen d'une légère préparation. Il suffit de les couper par bandes, de les mettre tremper quelques instants dans l'eau bouillante, et de les frotter ensuite avec un morceau de bois. On grave les lettres avec un poinçon et l'on passe ensuite sur ces lettres une substance colorée qui puisse ressortir sur le fond brun-jaune de la feuille.

L'Argonaute ou Nautile papyracé.

Le *nautilos* ou *pompilos*, lit-on dans Pline, est l'une des plus étonnantes merveilles de la nature. Il s'élève du fond de la mer, et il sait ensuite maintenir sa coquille à la surface des eaux, de manière que l'ouverture soit toujours en dessus. Cette coquille devient une barque légère que l'animal a bientôt mise à flot; il est pourvu d'organes qui lui servent à la vider de l'eau qui la remplissait, ce qui suffit pour la maintenir au-dessus de l'eau ; cela fait, le nauti'e fait sortir deux bras qu'il élève comme deux mâts. Chaque bras est muni d'une membrane très déliée, que l'animal peut tendre à volonté. Cette membrane forme la voilure du navire. Le nautile a-t-il les vents contraires, il a recours aux rames, il en a deux de chaque côté de sa barque, ce sont des membres souples, flexibles, déliés, qui peuvent se mouvoir en tous sens. Le nautile commence à naviguer, se servant alternativement de ses rames ou de ses voiles ; mais au moindre péril qui le menace, il replie tous ses agrès dans sa coquille et disparaît au fond des flots.

Ce sont là tous les détails qu'on trouve dans Pline;

et les modernes y ont très peu ajouté. Il faudrait pouvoir observer l'animal de près, et il est très difficile de le prendre, parce que très attentif à tout ce qui se fait autour de lui, il échappe toujours à l'ennemi qui le poursuit, par la promptitude extrême de ses mouvements.

Le nom de papyracé a été donné à ce mollusque à cause de la légèreté de sa coquille, qui est aussi mince qu'une feuille de papier, et qui a pourtant assez de force pour résister sans se rompre au choc des vagues.

Les puits de feu de la Chine.

M. Klaproth a cité, dans un de ses ouvrages, la description qu'un missionnaire français a faite des puits à feu qu'on trouve dans les provinces méridionales de la Chine. Il n'est pas de particulier un peu riche, dit le missionnaire, dans la province de Kio-Ting-Tan, à deux cent cinquante lieues au nord-est de Canton, qui ne construise un de ces puits, et il en vient à bout par la persévérance, car il faut environ trois ans pour faire un puits. C'est une ouverture d'environ cinq ou six pouces de diamètre et de quinze à dix-huit cents pieds de profondeur ; les procédés qu'on emploie pour faire ces ouvertures ressemblent à ceux dont on se sert en France pour former les puits artésiens.

Au fond de ces puits est une eau salée qu'on retire au moyen d'un bambou long de vingt-quatre pieds et garni par le fond d'une soupape ; on le fait descendre à l'aide d'une corde, et l'on conçoit que le poids du bambou le forçant à s'enfoncer, la soupape s'ouvre et laisse entrer l'eau dans l'intérieur. Quand le bambou est plein, on le retire. Cette eau donne par évaporation un cinquième ou même un quart de sel mêlé de nitre. L'air qui sort de ces puits est très inflammable. Quand le bambou est arrivé près de l'orifice, si l'on approchait une torche allumée, cet air prendrait feu, ce qui arrive quelquefois. Il se forme en ce cas un jet de flamme de vingt ou vingt-cinq pieds de haut.

Il y a des puits qui ne donnent point de sel ; il n'en sort que de l'air inflammable. Les Chinois se servent de ce feu naturel en guise de combustible. Pour cela ils placent à l'orifice du puits un bambou armé d'un tube mobile au moyen duquel on conduit l'air inflammable où l'on veut, on l'allume par le contact d'une bougie, et l'on obtient une flamme bleuâtre d'un pouce de diamètre et de quatre ou cinq pouces de haut ; il s'en exhale une forte odeur de bitume, et la fumée qui en sort est noire et fétide ; mais la chaleur qu'elle répand est beaucoup plus vive que celle du feu ordinaire.

A Bi-Licou-Tring, dans les montagnes, on voit quatre puits qui donnent une quantité de feu extraordinaire. On en tirait primitivement de l'eau salée ; mais la source étant tarie, on voulut creuser à une plus grande profondeur, il y a quinze ou seize ans, et l'on ne put trouver d'eau. Tout ce qu'on obtint, ce fut une vapeur noirâtre et brûlante qui sortit avec bruit. On se hâta de garnir l'orifice d'une haute enceinte de pierres qui en fit le tour, et de boucher même l'ouverture avec une grosse pierre de taille. L'accident qu'on voulait prévenir par ces précautions arriva pourtant. Le feu prit ; il y eut explosion, détonation, tremblement de terre à l'entour. La flamme avait deux pieds de hauteur ; ce ne fut qu'avec beaucoup de peine,

de danger et de travail, qu'on parvint à éteindre le
feu, et à boucher de nouveau l'ouverture.

Le gaz élaboré par la nature n'est pourtant pas
inutile ; aux quatre faces du puits on a placé de grands
tubes au moyen desquels on le distribue dans la sa-
line qui est auprès, soit pour le chauffage, soit pour
l'éclairage. Ce gaz ne produit presque pas de fumée,
mais il répand une forte odeur de bitume ; la flamme
est rougeâtre comme celle du charbon ; elle voltige à
un ou deux pouces au-dessus de l'orifice, et elle s'é-
lève à deux pieds. Tout le terrain environnant est
brûlant ; on ne peut y marcher les pieds nus. Il suffit
au surplus de faire un trou dans le sable, à un pied
de profondeur, pour avoir du feu et de la chaleur.
Quand le trou est fait, on allume la vapeur, et le feu
dure tant qu'on veut. Pour l'éteindre, il ne faut que
combler de nouveau le trou avec la terre même qu'on
en a ôtée.

Les Monades.

On a donné ce nom aux anima'cules que le microscope fait découvrir dans une simple goutte d'eau, animalcules dont la petitesse extrême, l'une des plus
grandes merveilles de la nature, prouve plus que tout
la puissance sans bornes du Créateur. Ces monades,
qu'on compte par millions dans cette goutte d'eau,
dit un professeur de Berlin, qui s'est livré sur ce point
à de longues observations, et qu'on a cru pendant
longtemps privés d'organisation à cause de leur petitesse, ont pourtant quatre estomacs distincts. Ce professeur s'en est assuré en faisant communiquer en-

semble des gouttes d'eau coloriées avec des gouttes d'eau claire, et il a vu les monades qui passaient d'une goutte colorée dans une goutte limpide, se présenter avec leurs estomacs et le canal alimentaire plein de la première substance. Quelle ténuité ce fait ne suppose-t-il pas dans les particules de la substance colorée elle-même et des particules de lumière qui font paraître les corps diversement colorés.

Le professeur s'est servi d'un microscope qui grossissait, dit-il, 144,400 fois, ce qui ne doit pas être pris à la lettre, mais attendu seulement dans ce sens que l'objet est grossi dans sa dimension de largeur et de longueur, ce qui donne un grossissement réel d'environ 380 fois.

Il y a un grand nombre d'espèces de ces animalcules invisibles ; on les désigne par les noms de volvox, de protées, de rotifères, d'anguilles, de polypes, etc. Ils ont tous des formes particulières et ils se font surtout remarquer par l'extrême vivacité de leurs mouvements.

L'Agami.

C'est un oiseau de la Guiane, de la grosseur d'un petit dindon, haut monté sur jambes, couvert d'un beau plumage noir qui sur la poitrine se nuance de vert, de violet et de bleu, à l'œil vif, aux mouvements prompts, au naturel doux et affectueux. L'agami, même dans l'état de liberté, ne craint point l'homme, il va au contraire au-devant du chasseur, qui profite, pour le tuer, de la confiance qu'il lui montre. Elevé dans la maison, il devient un serviteur aussi fidèle,

aussi zélé que le chien, s'attachant extrêmement à
son maître, le suivant si celui-ci veut le lui permet-
tre, témoignant ses regrets par ses regards si cette
faveur lui est refusée, sensible aux caresses plus encore qu'aux mauvais traitements, toujours disposé à
obéir et à défendre de son bec, qui est très fort, la
personne qu'il aime. On prétend que cet oiseau, grâce
à son intelligence, remplacerait très bien le chien de
berger, ou que du moins on pourrait utilement l'em-
ployer dans les basses-cours.

On lui a donné le nom d'*oiseau trompette*, à cause
du bruit ou du son qu'il fait souvent entendre, et qui
paraît venir de l'intérieur de son corps, non de son
gosier.

Le Peter-Bott.

Le Peter-Bott est un rocher de l'île Maurice, appartenant à la chaîne du Pouce, dont il forme le point
le plus élevé. Sa hauteur excède huit cent quarante
mètres au-dessus du niveau de la mer. Le piton se
compose d'une masse conique de roche, d'environ
cent trente-trois mètres d'élévation, tellement escarpé
de tous les côtés, qu'on a longtemps regardé comme
impossible l'ascension au sommet. Cette impossibilité
paraissait d'autant plus évidente que le rocher, vers
son extrémité supérieure, se couronne d'un bloc haut
de dix mètres, lequel offre un renflement considérable, et par suite un véritable étranglement dans la
partie qui lui sert de support. On prendrait de loin le
Peter-Bott pour un obélisque surmonté d'un grand
globe.

Le nom que porte ce rocher lui a été donné, dit-on, en mémoire de l'audacieuse entreprise d'un homme de ce même nom, qui, sans le secours de personne, gravit jusqu'au sommet, mais qui, moins heureux ou moins adroit à descendre qu'à monter, tomba dans un précipice de quatre cents mètres de profondeur.

Malgré cet accident funeste, l'ingénieur Lloyd, dominé par l'idée d'escalader le pic, entreprit un premier voyage en 1831. Il parvint jusqu'à la moitié de la hauteur, tantôt en gravissant des pieds et des mains, tantôt en se servant à propos d'une échelle qu'il faisait traîner après lui.

Obligé de laisser son entreprise imparfaite, faute de moyens suffisants pour triompher des difficultés, il la reprit l'année suivante, 1832. Il fut accompagné de plusieurs officiers anglais, notamment du lieutenant Taylor, qui a fourni tous les détails de cette aventureuse ascension à la société géographique de Londres.

Arrivés au lieu où M. Lloyd s'était arrêté, les hardis voyageurs s'encouragent à suivre leur projet jusqu'au bout. Ils se trouvaient sur une pointe de rocher qui leur offrait un plateau large d'environ six pieds, dominant d'un côté sur une étroite vallée couverte de bois, et de l'autre sur un abîme profond de plusieurs centaines de pieds. Ce fut sur ce plateau que fut placée l'échelle. Le nègre intrépide y monta le premier, mais elle n'arrivait qu'à la moitié de la hauteur du rocher coupé verticalement. Ce nègre s'aidant des pieds et des mains, gravit sur le rocher et parvint au sommet. Il y amarra un cordage qu'il avait apporté, et ce fut au moyen de ce cordage que M. Lloyd et ses compagnons parvinrent jusqu'à lui.

On se trouvait encore loin du sommet; mais de là

jusqu'à l'étranglement qui est au-dessous de la tête
du piton, la montée offrit un peu moins de difficultés.
Mais comment franchir cette tête, dont le renflement
déborde l'étranglement de plusieurs pieds? Les Anglais ne perdirent point courage ; on eût dit au contraire que plus les difficultés augmentaient, plus ils
se sentaient animés du désir de les vaincre.

Au moyen d'un cordage qu'ils firent descendre jusqu'au pied du piton, ils établirent une utile commu-
nication entre eux et les personnes qui étaient restées
en bas, et ils reçurent successivement plusieurs objets
qui leur devenaient nécessaires, tels qu'une échelle,
des leviers, un câble, des cordes nouvelles ; mais tout
cela ne diminuait pas encore la difficulté ; la tête du
piton débordait toujours de plusieurs pieds au-dessus
de l'étranglement sur lequel ils étaient logés. Il s'a-
gissait de faire passer une corde par-dessus le roc et
de la faire retomber de l'autre côté. M. Lloyd se fit
attacher par le milieu du corps avec un câble solide,
fit le tour du piton armé d'un fusil disposé d'avance,
et chargé d'une flèche de fer à laquelle était attachée
une ficelle. Ses efforts furent longtemps inutiles, plusieurs coups partirent et la flèche retomba sans pouvoir franchir le renflement. Ce fut en désespoir de
cause, dit M. Taylor, que l'ingénieur attacha un cail-
lou au bout de la ficelle et s'avisa de le lancer en haut
au moment où soufflait une brise un peu forte ; et ce
ne fut pas sans exciter mille cris de joie que la pierre,
saisie par le vent, passa sur la tête du piton et retomba du côté opposé.

Dès ce moment la difficulté fut vaincue ; des cordes, un câble, des échelles, furent successivement di-
posés. M. Lloyd monta le premier, les autres le sui-
virent, un drapeau planté sur le pic fut salué par le

canon d'une frégate qui se trouvait en rade et par celui d'une batterie de terre. Le nom du roi Guillaume fut donné au Peter-Bott. Les Anglais résolurent de passer la nuit sur le sommet du rocher, ils redescendirent jusqu'à l'étranglement, se firent monter des provisions de tout genre et de bonnes couvertures de laine, passèrent une mauvaise nuit durant laquelle le froid se fit sentir, et allèrent le lendemain recevoir les félicitations des habitants et de tous ceux qui, de la terre, avaient vu leur ascension presque miraculeuse.

Effets extraordinaires du Tonnerre.

Nous n'entreprenons pas ici d'expliquer les causes du tonnerre ; assez d'autres l'ont fait avant nous, une discussion de ce genre serait d'ailleurs étrangère au plan de cet ouvrage ; qu'il nous suffise de dire que personne aujourd'hui ne doute de l'identité de la matière du tonnerre avec le fluide électrique ; nous parlerons seulement de quelques effets singuliers de ce terrible météore.

Personne n'ignore que les liqueurs fermentées sont sujettes à se tourner et à s'aigrir à la suite d'un orage ; mais ce qui est encore plus surprenant, c'est de voir des substances sèches s'altérer sensiblement ou se perdre. Il y a vingt-cinq ans, après qu'un orage eut éclaté sur Dantzick, le froment et le seigle qui se trouvaient entreposés au dépôt général des grains destinés à l'exportation, devinrent humides, gluants, et d'une odeur nauséabonde qu'on ne put leur ôter qu'au bout de deux ou trois mois.

Le tonnerre tomba sur une maison en Irlande, et il y produisit de singuliers effets ; c'était le 9 août 1707. Il avait fait tout le jour une chaleur étouffante ; vers le soir une brise légère amena quelques ondées de pluie, mais cela ne dura pas. Après le coucher du soleil, le ciel s'obscurcit et quelques éclairs commencèrent à sillonner l'atmosphère. Les nuages s'étant amoncelés sur les dix heures, il se forma un épouvantable orage. Un coup de tonnerre surtout jeta l'épouvante dans la maison. La maîtresse déjà couchée, mais non endormie, se sentit tout-à-coup suffoquée par une forte odeur de soufre, et couverte en même temps de la poussière qui tomba du plafond. Elle crut que la maison tombait ; à ses cris, ses domestiques accoururent. La chambre, ainsi qu'une cuisine du rez-de-chaussée, étaient remplies de fumée et de poussière. Une glace qui ornait la cheminée avait été brisée en mille pièces. Les débris avaient été lancés contre la porte et avec tant de violence qu'ils s'y étaient incrustés. Le chambranle d'une cheminée dans la pièce voisine avait été renversé. On remarqua sur la muraille deux trous d'environ vingt pouces de diamètre, et d'un trou à l'autre une ligne ou bande noire comme si on y avait appliqué une chandelle allumée. Les planches de derrière d'un grand coffre rempli de linge étaient arrachées ; les deux tiers du linge se trouvèrent percés d'un trou, quelques hardes qu'on avait mises sur le coffre étaient éparses sur le plancher, mais elles ne montraient aucune trace de brûlure. Un chien fut trouvé mort dans la cuisine ; il avait les jambes tendues, comme s'il eût été frappé tandis qu'il courait pour se sauver. Son poil était légèrement brûlé vers la partie postérieure du corps. A cela près il ne paraissait pas qu'il eût été touché.

Le 7 octobre 1811, plusieurs personnes qui habitaient un village de Devonshire, s'étaient réfugiées sous le portail d'une église, pour se mettre à l'abri d'un orage qui vint à éclater subitement. Tout-à-coup un grand globe de feu parut au milieu d'elles, et toutes furent renversées, sans recevoir pourtant aucun mal. Les sonneurs qui, suivant l'ancien usage qu'on n'a pu encore détruire malgré les accidents funestes qui en sont la suite, avaient couru au clocher pour sonner les cloches à toute volée, furent obligés de renoncer à un travail qui excédait leur force. Jamais, dirent-ils, les cloches ne leur avaient semblé si lourdes ni si difficiles à manier. Ces mêmes hommes, en descendant du clocher, aperçurent dans l'église même quatre globes de feu qui ne tardèrent pas à éclater avec un grand bruit ; l'église fut au même instant remplie de fumée et de traits de feu. L'un d'eux reçut une contusion à l'épaule. Le feu se dirigea vers le clocher qu'ils venaient de quitter, et s'attacha à une grosse poutre à laquelle une cloche était suspendue. La poutre fut en un instant consumée et la cloche tomba de toute la hauteur du clocher. Un des pinacles de la tour fut détruit, et le lendemain on trouva les pierres dont il était formé à la porte d'une grange assez éloignée de l'église.

En 1746, un navire hollandais mouillé dans la rade de Batavia, se disposait à faire voile pour le Bengale ; il n'attendait que le vent. Une petite brise de terre s'étant fait sentir vers le soir, on déploya toutes les voiles pour en profiter ; mais presque au même instant un nuage épais parut sur le sommet de la montagne, et le vent le poussa rapidement du côté du vaisseau. A peine fut-il arrivé qu'un affreux coup de tonnerre se fit entendre, le grand hunier parut tout embrasé, et le feu gagna les voiles et les agrès. On tenta sur-le-champ d'abattre le grand mât, mais on en fut empêché par la chute de tous les agrès enflammés et par l'embrasement simultané des autres mâts et du corps de bâtiment. L'équipage épouvanté prit la fuite ; peu de minutes après, le feu gagna la soute aux poudres, toute la partie supérieure du navire sauta, l'autre partie fut engloutie par les eaux.

Un vaisseau anglais traversant l'Atlantique au mois de novembre de 1749, fut assailli par un violent orage. Au milieu des éclairs et des coups de ten ierre, on aperçut un globe de feu d'environ quatre ou cinq pieds de diamètre, et qui semblait rouler sur les vagues. Ce globe s'avança droit au navire ; parvenu à une très courte distance, il s'éleva perpendiculairement jusqu'à la hauteur du grand hunier, où il éclata. Le bruit de l'explosion parut à l'équipage aussi fort que cent coups de canon tirés à la fois ; une forte odeur de soufre se répandit dans l'air après la détonation. Le grand hunier fut mis en pièces, des clous longs de dix pouces furent arrachés.

Le 6 août 1753, le professeur Richman périt à Saint-Pétersbourg, victime de son amour pour la science. Pendant un violent orage, il examinait ou cherchait à déterminer d'une manière précise les effets de l'électricité, au moyen d'une aiguille en pointe de fer ; M Sokolow, membre de l'académie royale, était avec lui ; il ne tarda pas à voir une étincelle bleuâtre partir du corps de l'aiguille, et frapper le professeur au front, à l'instant où il s'approcha jusqu'à moins d'un pied de distance. Cette étincelle parut à M. Skolow de la grosseur du poing, et il se fit une détonation comme d'un coup de pistolet. Un fil de métal, qui se trouvait auprès de l'aiguille, fut mis en pièces ; il y

avait dans la chambre une grande quantité de limaille,
la plupart des vases de cristal qui la contenaient furent
brisés ; la limaille s'éparpilla dans toute la chambre ; la porte de la même chambre fut arrachée.

On lit dans un mémoire latin qui fut publié à cette
occasion par l'académie des sciences de Saint-Pétersbourg, que M. Richman portait dans sa poche, au
moment de sa mort, un grand nombre de pièces d'argent, et qu'aucune d'elles ne fut altérée. La montre
qui était suspendue entre une croisée ouverte et la
porte, s'arrêta. Les cendres du foyer de la cheminée
se répandirent dans l'appartement.

Souvent la grêle tombe à la lueur des éclairs et au
bruit du tonnerre, mais quelquefois les grêlons sont
de dimensions telles qu'ils blessent et tuent les animaux et les hommes. On se souvient encore en Angleterre de l'orage du 17 juillet 1666. On mesura des
grêlons qui avaient de huit jusqu'à douze pouces de
circonférence, d'autres étaient de la grosseur d'un
œuf de poule. Environ trente ans plus tard, le Lancashire fut dévasté par un fléau du même genre, les
grêlons étaient presque tous du poids de trois ou quatre ouces ou même davantage.

La France est moins sujette que l'Angleterre à de
tels accidents : nous voyons souvent tomber de la
grêle, mais il est rare que les grêlons aient plus de
trois ou quatre lignes de diamètre. Au commencement
de mai de 1767, dans le comté de Hertford, on mesura des grêlons qui avaient de sept et huit pouces,
jusqu'à treize et quatorze de diamètre. Beaucoup d'animaux et plusieurs hommes même furent tués ou
blessés grièvement, de vieux chênes furent brisés et
toutes les récoltes perdues.

L'ouragan des Tropiques.

« Un ouragan, s'écrie le docteur Mosely, dans son *Traité des Maladies tropicales*, c'est la désolation et la ruine ; c'est un feu dévorant qui détruit et consume tout ce qu'il touche. Un calme effrayant le précède ; à travers l'atmosphère épuisée par les brouillards, le soleil paraît rouge, les étoiles se montrent plus grandes. Tout-à-coup le renversement s'opère ! Le ciel en un instant a pris un aspect sombre et sauvage : la mer, dont la surface offrait à peine quelques rides légères, élève ses vagues comme des montagnes ; le vent mugit avec fureur ; la pluie tombe comme un déluge ; d'affreuses ténèbres enveloppent la terre ; le tonnerre gronde, l'éclair déchire la nue.

» On voit que la nature souffre ; on dirait que la terre tremble et s'agite, la terreur est partout. Les oiseaux arrachés à leurs forêts sont jetés dans l'Océan ; ceux qui habitent les mers cherchent sur la terre un abri qu'ils n'y trouvent pas. Les animaux épouvantés courent de toutes parts, oubliant leurs inimités, ils se réunissent, ils cherchent tous un lieu qui les protège, et s'ils le trouvent, ce lieu bientôt bouleversé devient leur tombeau. Les toits des maisons sont emportés au loin et les murs se renversent sur leurs habitants. Des arbres gigantesques sont arrachés ou coupés au pied, leurs branches se déchirent, le vent les enlève comme de minces feuilles ; l'arbre, le buisson qui résiste au choc, reste nu, dépouillé de feuilles et de branches ; les plantes flexibles, l'herbe des prairies se collent contre le sol.

» L'ouragan vient-il fondre sur une ville ? C'est alors que l'horreur et la dévastation sont au comble.

Da is le port, les vaisseaux fracassés couvrent la mer de leurs débris ; le rivage conserve à peine des traces de ce qu'il était ; ici des monceaux de décombres ou de charpentes ruinées ; là des torrents d'eau ; plus loin des cadavres gisant sur la terre, à demi enterrés dans les débris, un sol dévasté là où se trouvaient, des rues et des édifices. La famine ne tardera pas à s'unir au fléau destructeur, et, s'il y a eu un tremblement de terre, l'épidémie mortelle viendra couronner ces désastres. »

Les ouragans ne sont ni moins fréquents ni moins dangereux sur la côte de l'Inde. Le 2 octobre 1746, l'escadre française, commandée par La Bourdonnais, à l'ancre dans la rade de Madras, fut assaillie par un ouragan qui en peu d'heures détruisit presque tous ses vaisseaux. Une vingtaine de bâtiments appartenant à diverses nations, eurent le même sort. Le 30 novembre 1760, pendant le siége de Pondichéry par les Anglais, trois de leurs vaisseaux périrent ; on ne sauva que les équipages. Onze mois après, dans la rade de Madras déjà si funeste aux Français, la flotte entière de la compagnie manqua de périr. Les vaisseaux qui se trouvaient au large se sauvèrent seuls, tout ce qui était à l'ancre fut submergé.

Les journaux ont parlé de l'ouragan du 21 octobre 1817, qui ruina l'île de Sainte-Lucie, une des Antilles. Tous les vaisseaux qui étaient dans le port furent brisés et submergés. La maison du gouverneur fut renversée, et tous ceux qui l'habitaient, maîtres et domestiques, femmes et enfants, au nombre d'environ trente personnes, furent ensevelis sous les décombres. Les baraques de la garnison, pareillement abattues par le coup de vent, firent périr en tombant près de deux cents hommes, officiers et soldats. L'île

entière n'offrit plus qu'un vaste monceau de ruines.
L'ouragan se fit sentir aussi à la Dominique, mais le
ravage fut un peu moindre.

La Grande-Bretagne garde le souvenir terrible
d'un ouragan survenu le 26 novembre 1703, qui, dans
une nuit, couvrit de deuil un grand nomb e de villes.
Les Anglais le désignent par le nom de *The grent
stom* (la grande tempête). A Londres, plus de deux
mille rangées de cheminées furent renversées ; les lames de plomb qui couvraient les toits d'un grand
nombre d'églises furent arrachées et roulées comme
des feuilles de papier ; toutes les maisons peu solides
tombèrent ; il y eut une vingtaine de personnes tuées
et environ deux cents de blessées ; tous les vaisseaux
amarrés sur la Tamise perdirent leurs ancres et leurs
amarres, et s'y trouvèrent plus ou moins maltrai és,
quatre cents bateaux furent mis en pièces ; un grand
nombre d'allèges submergées, beaucoup d'hommes
noyés. Sur mer, le ravage fut encore plus grand,
douze vaisseaux de guerre périrent corps et biens.

Le mont Hécla et les Geysers.

Cette montagne fameuse, qui, depuis tant de siècles, couvre l'Islande de laves et d'autres produits
volcaniques, est située à une lieue de la mer, au
milieu d'autres montagnes dont quelques-unes la
surpassent en hauteur : l'Hécla ne s'élève pas au-
dessus de mille treize mètres ; les naturels prétendent
que le sommet en est inaccessible, soit parce que le
cratère vomit toujours de la fumée et des flammes,
soit à cause des exhalaisons sulfureuses et des sources

d'eaux bouillantes qui entourent sa base, ce qui toutefois n'a pas arrêté plusieurs voyageurs hardis qui ont voulu l'examiner de près. Ce qu'on peut dire, c'est que 'ous les environs du volcan, surtout au midi et à l'occident, présentent le tableau le plus effrayant de dévastation et de ruine.

MM. Joseph Banks et Solander, qui furent les compagnons de Cook dans ses premiers voyages, atteignirent les premiers le sommet de l'Hécla. Le docteur Lind, d'Edimbourg, et le docteur Van-Troïl, Suédois, montèrent avec eux. Ce fut en 1772, ils éprouvèrent moins de difficultés qu'ils ne l'avaient craint ; une éruption qui avait eu lieu six ans aupararavant, en versant des torrents de lave autour de la montagne, semblait leur avoir aplani le chemin. Ils traversèrent d'abord un terrain immense couvert de débris et de déjections volcaniques ; ils voyagèrent aussi à travers les vapeurs chaudes et sulfureuses qui s'exhalaient du sol, à cent toises environ du sommet ; ils passèrent auprès d'un trou d'environ cinq pieds de diamètre, d'où il sortait des vapeurs si chaudes, qu'ils ne purent point faire usage de leur thermomètre pour en mesurer le degré. Le froid était pourtant extrêmement vif, car leur thermomètre qui, au pied de la montagne, marquait 54°, tomba d'un coup à 24 (à peu près 4° au-dessous de 0 de Réaumur). Le vent était d'ailleurs si violent, qu'ils étaient à tout coup obligés de se coucher à plat pour n'être pas entraînés dans les précipices. Parvenus au sommet, ils éprouvèrent à la fois les deux températures contraires. Le thermomètre à l'air libre se soutenait toujours à 23°, et placé contre terre il montait rapidement à 153.

M. Mackensie, dans son ascension, a traversé d'abord une vallée à l'extrémité de laquelle se trouve un petit lac; mais ses côtes sont formées par des rochers abruptes couverts de glaces. Au-dessus de ces rochers commence une région désolée, où l'œil fatigué ne peut se reposer que sur des rochers arides et brûlés, des cratères, des amas de laves, des brouillards épais ; un silence effrayant augmente l'effet de ce terrible spectacle. Arrivé non sans peine au pied de l'*Hécla,* il suivit pendant longtemps le cours d'un torrent de lave, mais lorsqu'il arriva vers la partie la plus raide de la montagne, il eut d'autant plus de peine à monter, que le sol était couvert de neige glissante. Lorsqu'il fut parvenu au sommet du premier pic, il désespéra d'aller plus loin, parce qu'il se vit enveloppé de brouillards et que le seul chemin pour arriver au cratère ne consiste qu'en un sentier en dos d'âne, large de deux pieds, entre deux précipices. Il profita d'une légère éclaircie pour continuer son chemin, il eut enfin la satisfaction de toucher le sommet.

La première irruption dont les Islandais gardent le souvenir ne remonte qu'à l'an 1004 ; la plus désastreuse a été celle de 1696. La dernière a eu lieu en 1766 ; mais quoique le volcan ne jette plus de laves, il en sort fréquemment de la fumée et des flammes.

A peu de distance du mont Hécla, sont les sources chaudes qu'on nomme Geysers. La plus considérable et en même temps la plus remarquable est située dans une plaine ou vallée que bornent d'un côté de hautes montagnes couvertes de glace, de l'autre le volcan. L'eau jaillit d'une chaîne de rochers, en face de l'Hécla. D'une demi-lieue on entend un bruit sourd qui ressemble à celui d'un torrent tombant du haut des montagnes ; chaque éjection du grand Geysers, car c'est une souce intermittente, est accompagnée de détonations souterraines. Il n'est guère possible de sonder la profondeur de l'ouverture par où l'eau s'échappe en jet, mais lorsqu'on y jette une pierre, elle n'arrive à l'eau qu'au bout de quelques secondes. Quand la source donne, l'eau sort avec violence et elle forme un jet qui s'élève à soixante pieds ; si dans ce moment une pierre tombe sur l'eau, elle est lancée en l'air avec force et souvent brisée en mille pièces. La chaleur de cette eau, mesurée par Van-Troïl, est de deux cent douze degrés de Fahrenheit, point de l'eau bouillante. Les bords du bassin sont revêtus l'une couche grossière de stalactites ; l'eau du Geysers ist, dit-on, de qualité pétrifiante.

FIN.

TABLE.

—

FIN DE LA TABLE.

Limoges. — Imp. E. ARDANT et Cᵉ.